這樣管理Z世代

不討好也不打擊的11條「平衡感」法則，帶出穩定新世代人才！

若者に辞められると困るので、強く言えません

橫山信弘

前言

太嚴格的話，年輕人真的會辭職嗎？

「要是年輕人辭職就麻煩了，所以不能對他們太嚴格。」

到底是從什麼時候開始聽到這種說法的呢？

在之前接近二十年的時間裡，我身為一個「絕對讓客戶達成目標」的經營顧問，接觸了許多經營者與管理人員，在新冠疫情爆發和「Z世代」這種說法普及之前，就已經從許多人口中聽到上述的說法了。不難想像的是，上述說法之所以會出現，在於防止職權騷擾以及許多工作制度的改革相繼推出，而且年輕人才也愈來愈不足。

不過，不嚴格就能留住年輕人嗎？

二〇二二年十二月，《日經新聞》刊載的「年輕人認為職場太過和善而無法成長，感到失望想辭職」之報導掀起話題討論。這篇報導寫到，**年輕人覺得待在太過和善的職場會失去成長的機會，因此決定辭職。**長年在第一線擔任經營顧問的我能深刻體會這件事。

「如果能幫助自己成長，再嚴格也願意接受。」

「有必要的話，熬夜也願意，不可能只想要讓工作與生活達成平衡。」

就算是現在，如此回答的年輕人依舊不少，從中也不難看出他們不想被誤會的心情。話說回來，「太過和善的職場」不代表年輕人一定會辭職，不過這種讓年輕人擔心自己無法成長的狀況，肯定是不健康的職場。

在和善的環境培養獨當一面的年輕人是個難題

這是種相當致命的認知誤差。

在主管的觀念裡是「太過嚴格會逼走年輕人」，但在年輕人的認知裡是「主管太客氣，會想要辭職」。如果這種說法屬實，應該會有不少管理者想抱怨：「明明是你們說黑心公司該被淘汰，所以才盡可能改善工作環境，結果現在又說職場太和善不行，你們到底是想怎麼樣啊？」

我認為這樣的狀況是出自於「**缺乏平衡的感覺**」。現代的管理階層是在嚴厲的指導與責罵之下成長的，現在卻被迫面臨拋棄自己曾經接受的教育方式，將年輕人培養成獨當一面的人材的難題，無怪乎拿捏不了管理的「平衡」。

上司與年輕人都不知道「對方在想什麼」

即使如此，也不能不做改變而沿用傳統的指導方式，就算抱怨新的價值觀，也無法改善任何事情。

管理者只能要求自己改變。

證據之一就是管理者也不是聽不懂年輕人的抱怨。正在讀這本書的各位管理者或許會覺得「真是不知道最近的年輕人在想什麼」，但是年輕人也覺得「我才不知道上司到底在想什麼」，同樣為此不停煩惱著。

「雖然上司說『只要按部就班就好』，但我根本不知道要做什麼。」

「雖然上司願意聽我的意見，但我根本不知道上司的目標是什麼，我到底該怎麼做才對啊？」

由於不能直接問上司，也因為我與上司的年齡相仿，所以年輕人們才來問我。在我眼中看來，上司與年輕人都覺得「不知道對方在想什麼」。若真是如此，上司更需要瞭解年輕人的心理，解決眼前的狀況。

任何事情都要講究「平衡」

重要的是，找到順應時代與環境的「平衡」。

本書是為了正煩惱該如何拿捏下列平衡的管理者所寫：

- 什麼時候該嚴格，什麼時候該溫柔？
- 什麼時候該鼓勵，什麼時候該忽略？

・什麼時候該讓屬下努力，什麼時候該讓屬下放輕鬆？
・什麼時候該將重點放在個人的成長，什麼時候該以組織的利益為優先？
本書將會介紹這些身為管理者會遇到的難題，以及在這類情況中該採取哪些適當的行動與應對方式。

我長年擔任經營顧問，切身感受了時代的變化。然而近年的變化速度之快著實令人咋舌，不管再怎麼磨練自己的敏銳度也很難跟上時代的變化。比起這類變化的速度，我更在意的是「**多元化**」——價值觀、工作方式、溝通方式以及各種事物都已多元化，就連對成功的定義也是「**因人而異**」。

因此擔任管理職的人應該將這兩句話刻在心裡：

・每個人都不一樣
・視情況而定

管理者只要掌握這兩句話再接觸年輕人，工作的產能就會發生戲劇性的變化，也能與每位年輕的屬下和睦相處，就算時代再怎麼改變也一樣。

本書除了介紹能於職場應用的技巧，也介紹了許多教育第一線以及教育孩子也能應用的內容。還請大家一起學習符合「中庸之道」的溝通方式與管理技巧。

目錄

第2章 「強制」與「自主性」的平衡
——該如何強制缺乏自主性的人採取行動？

第3章 「速度」與「完成度」的平衡該如何拿捏？
——該重視量還是質？面對這個問題的思考模式

第4章 「教育」與「經驗」的平衡如何拿捏？
——兩種「察覺」能讓人大幅成長！

第5章 「努力」與「輕鬆」該如何拿捏平衡？——讓屬下全力以赴與放輕鬆的時間點

第6章 該如何拿捏「鼓勵」與「忽略」的平衡呢？
——屬下沮喪時，該如何替他打氣？

第7章 「個人的成長」與「組織的利益」如何拿捏平衡？
——必須瞭解「責任」「權利」「義務」的相關性

第8章 「加強強項」與「克服弱項」如何拿捏平衡？——讓屬下發揮本領的兩個重點

第1章

「溫柔」與「嚴厲」該如何拿捏平衡？

——「讚美」與「責備」的基準與規則

□「愈讚美愈成長的人」與「愈責備愈成長的人」

每次演講時都會遇到經營者或是管理者問我這個問題：

「該如何拿捏嚴厲與溫柔的平衡呢？」

如果太嚴厲可能會逼走年輕人；但太溫柔的話，年輕人也無法如預期成長。雖然嚴厲與溫柔都很重要，但是到底該如何拿捏平衡，的確讓許多人煩惱。

有些人的確「愈讚美愈成長」，有些人則是「愈責備愈成長」。不過，**重點在於是否真的成長**。就算有人說自己是「愈讚美愈成長」的類型，說到底還是得透過結果驗證。**真正該思考的是何時讚美、何時責備**，因為「○○的話就做○○」這種「**if then**」的原則過於模糊，所以才會不知道該如何拿捏嚴厲與溫柔的尺度。

在此要先介紹「嚴厲」的概念。

▢「嚴厲」的三種方式

你是否曾經大聲叱責屬下呢？

有些人會回答「很常」；有些人則會回答「幾乎不會」「一次都沒有」。上司往往都是迫於無奈才狠心責備屬下，但應該沒人會想這樣做的吧？這雖然是件很有負擔的事，但也是管理者的責任，同時是必要之「惡」。

我認為糾正屬下的行動有三種方式：

（一）叱責

（二）警告

（三）提醒

如今這個時代幾乎看不到將「叱責」視為獎勵的書籍，但的確有需要嚴厲叱責屬下的時候。

應該嚴厲「叱責」屬下的兩種情況

只有在對方小看嚴重風險的時候，才需要嚴厲叱責。如果風險不大，只需警告對方即可。不過對方若是小看風險，不瞭解風險有多大，最好適時叱責對方，目的是為了讓對方暫停相關的思考。

舉個簡單易懂的例子：

假設警告接近急湍河邊的小孩：「危險，別靠近河邊！」就算如此大喊，如果小孩還是不聽警告，說「沒關係啦」，這時候就得大罵：「就叫你不準靠近河邊了啊！」

小孩子或許會因此嚇得大哭，說不定還會因為這樣而討厭你，但孩子的生命更加重要。有些人會說：「只要溺水一次，就會知道河川有多可怕了吧？」但有些事情是沒有第二次機會的。那麼又該何時叱責已經進入社會的人呢？答案是這兩種情況：

（一）輕忽無可挽回的風險時

（二）輕忽「理所當然的基準」下滑的風險時

兩種情況中，相對更容易理解的是情況（一）吧？

我還記得在三十年前於高級餐廳打工時發生的某件事。當時我是正準備婚禮場地的內場人員，我一口氣拿著四個盤子時，主廚對我大罵：「你怎麼可能這樣拿著用心製作的料理！要是料理打翻了，你要怎麼負責！」擔任服務生許久的我自恃一口氣拿著四個盤子也沒問題，所以根本不理會店長那句「絕對別這麼做」的要求，也不顧主廚的警告。我完全沒顧慮一早就來上班，為了顧客盡心盡力烹調料理的三位主廚。

至於情況（二）則是身為顧問的我最重視的情況。

如果有一位屬下每天早上固定遲到五分鐘或十分鐘，你已經多次告誡他「不要遲到」，而他總是回嘴：「只是遲到五分鐘或十分鐘，有必要這麼兇嗎？」你一定會想大喊「你在開什麼玩笑啊？」對吧？

用字遣詞當然需要小心，但這時候該說的絕對不是什麼「你慢慢改善就好」，而是要告訴對方「從現在開始，給我遵守規矩」，給對方來一場震撼教育。這就是說也說不聽的屬下，面對這種屬下，該做的是給對方當頭棒喝，讓對方停止相關思考。

控制情緒的「叱責」方式

情急之下的確很難控制情緒，然而在不那麼衝動的情況下，叱責屬下時應該控制自己的情緒。

在氣到爆炸，嘴唇不斷顫抖、心跳不斷加速的情況下，最好不要叱責屬下，因為流於情緒的「叱責」無法發揮本來的效果。一旦流於情緒，「叱責」的目的就不再是「改變對方的行動」，會變成單純的「挑毛病」與「怒罵」而已。**重點在於當下改變對方的行動**。由於不罵，對方就不會立刻改善自己的行為，所以只剩下責備這個手段可以選擇，然而責備絕對不是目的。

那麼該如何控制情緒呢？**答案是讓自己演場好戲**，也就是利用事前準備的台詞以及預演的情緒叱責對方。因為是演戲，就不會流於情緒。最理想的情況就是變身為演員，完美控制自己的情緒。

「警告屬下」的必要規則

警告很多遍，希望屬下改變行為或想法時，千萬不能責備對方，否則你會變成一個「只會叱責對方」的人，親子關係也是一樣的道理。一旦決定「叱責」對方，就要一次就讓對方徹底改變行為。

如果有必要不斷地糾正對方，只需要「警告」對方就好。「警告」相比「叱責」

更溫和，彼此承受的壓力也比較少。

「除了你，其他人都達成每月KPI了，所以希望你也能跟上大家，好嗎？」

盡可能面無表情地警告對方，不能擺臭臉，但也不用逼自己假笑。如果平常都笑笑地面對屬下，那麼光是面無表情，就足以讓對方緊張了。屬下光是看到上司那副表情，應該就會覺得：「下個月一定要達成目標，否則就糟了。」知道屬下的行為有問題後，應該先試著「警告」對方。

不過「警告」是有前提條件的，也就是所謂的「規則」。如果少了「規矩」或是「約定」，對方可能會覺得困惑，也有可能會置若罔聞，或覺得「之前從來沒聽過這件事」。**如果要警告屬下，就一定要先立下透明的「規則」或「基準」**。

話說回來，就算跟屬下說：

「為了做出結果，我設定了每個人的每月KPI，請務必達成。」

這也不能算是設定了新規則，對吧？要讓新文化扎根，也要重視心理層面，因為人類是情感的動物，很多事情不能只講道理。

在設定新規則時，可試著營造儀式感，只需要營造一次就夠了，這也是為了揮別過往的規則。盡可能先召集所有屬下，再這麼說：

「為了達成本季目標，請務必達成各自的KPI，就是和每人面談時設立的目標。請不要小看這個目標，務必使命必達，拜託大家了。」

不需要說什麼冠冕堂皇的話。「之前的目標就算了，這次的目標不達成的話，好像會很慘」，只要讓屬下如此覺得就好。如此一來，規則就不會只是徒具形式，以後跟屬下說：「我應該說過，這次的目標非得達成不可，對吧？」也會比較有效果。

「警告」與「提醒」的差異

「叱責」與「警告」的共通之處在於**都是對方明明知道，卻掉以輕心的時間點**，也就是在屬下明顯偷懶或不夠用心的時候叱責或是警告。

不過，當覺得自己說明得不夠清楚，或是覺得對方可能忘記該怎麼做時，可以試著「提醒」對方：「你還記得部長在前幾天的會議中提到，加班時數不能超過二十小時這件事嗎？但你這個月的加班時數已經超過二十五小時了喔。」

如此提醒的時候，仔細觀察屬下有什麼反應。這時候需要的是「人事技能」——從對方的表情或是言行舉止發現對方不知道這回事的話：「部長真的想改造組織，所以要拜託你改善一下喔。」只需要笑著提醒一下對方。

屬下記得加班不能超過二十小時，也記得部長在會議提過這件事。那麼這位屬下不知道的是什麼？不明白的又是什麼呢？答案是「部長對這件事有多麼重視」。如果屬下不知道部長真心想要改造組織，那當然不會那麼重視這件事，此時不需要警告對方，只需要「提醒」對方。

話說回來，就算屬下回答：「真的非常抱歉，我下次一定會改進。」如此，還是要觀察屬下的表情或態度，如果對方一臉不相信部長真心想要改造組織，此時就不能只是「提醒」對方：「你知道部長是真的想要改造組織的吧？所以加班絕對不能超過二十小時，做不到的話，就得事先跟部長申請，你最好記得這件事。」得像這樣「警告對方」，只是「提醒對方」，對方是不會改進的。

屬下通常都知道該做什麼事，也知道規矩與基準，或許也只有一開始的時候不知道。**最常見的情況是認知的落差**，尤其在心理層面更是如此：

·就算不聽話，反正最後還是會被原諒

·不聽話的話，之後會很慘

後者通常是心理層面的問題，所以提醒對方注意即可。

「這次真的要做到啊，因為部長真的很重視。」

「是喔，那真的對不起，我會努力的。」

「嗯嗯，只要好好做就好了。」

讚美屬下的「if-then」原則

接著介紹「溫柔」的概念。先從讚美的方式介紹。

不管是叱責還是讚美，都屬於「觸發型」（事件發生後才反應），而非「設定型」（可預先安排或計劃）的行為。我們可以預先計劃向對方打招呼或是問候對方，卻無法事先計劃要在何時叱責對方、讚美對方。

不過，許多上司卻得經過提醒才懂得讚美屬下。

我將主動讚美屬下，以幫助屬下成長的管理方式稱為「**讚美管理法**」。這是由「讚美」與「管理」組成的管理方式。

如果是不提醒自己，就不懂得讚美屬下的管理者，可先思考讚美計畫（P），接著依計畫執行（D），然後定期檢視（C）自己「是否正確地讚美了屬下？」「是否錯過讚美的時機？」，如果發現問題，就試著改善（A）問題。這種PDCA循環就是所謂的「讚美管理法」。

所謂的讚美計畫就是「if-then」原則。

·如果屬下完成○○就讚美他。

·如果屬下的行動（成果）超出○○標準就讚美他。

像這樣暗自在心中設下讚美的「if-then」原則，如此一來屬下也會有所成長。

「原來這樣做就會得到稱讚嗎？」

「只做到這樣果然不會無法得到稱讚。」

只要能正確應用「讚美管理法」，就算上司還沒讚美，屬下就會先採取行動，締造可以得到讚美的成果。**信念堅定的管理者不會讓這類基準有所動搖**。該讚美的時候讚美；不該讚美的時候，絕對不讚美。

比「讚美」重要百倍的事情

「讚美管理法」只能在屬下做了值得讚美的行動或是締造了相當的成果時使用。

所以不能讚美完成例行公事的屬下嗎？

當然不行讚美。不管難度有多高，都不能讚美只是完成例行公事的屬下，因為這不符合「if-then」原則。所以就什麼都不做嗎？當然不是，絕對不能這麼做。大部分的管理者都做不到以下這件事，所以才無法與屬下建立良好的關係。

需要做的事情是「**每天的感謝**」。

與過去相比，沒有明顯的變化或突出的功勞時，要「稱讚」確實不容易，因此並不需要那麼頻繁地稱讚部屬，在這種情況下最重要的就是：

「謝謝你，真的幫了大忙！」

能不能說出上述這句話，才是關鍵。

「稱讚」是一種隨機發生的行為，但「日常的感謝」卻是可以有意識地養成習慣的。我們無法規定「每週要稱讚兩次」，但卻可以計畫「每週至少表達兩次感謝」。或許會有點害羞，但請試著**養成「日常感謝」的習慣**，這比「稱讚」重要百倍。

最能滿足認同感的方法

如果以教練學的用語來說，「每天的感謝」就是所謂的「**認可**」（acknowledgment），說成「認可」應該比較容易理解吧。但應該很少人會每天說：

「多虧有你，事情才能順利完成，謝啦。」

很多人覺得這麼說很不好意思，許多人最多一週說一次而已。

不過，有件事是每個人每天都能做得到的，**那就是認可屬下的存在**，這就是所謂的存在認同。方法很簡單又單純，就只是叫對方的名字，跟對方打招呼而已，也可以只是簡單地問候一下：

「田中，早安。」

「吉田，辛苦啦。」

這樣就夠了。雖然只是短短的一句話，效果卻很顯著，再沒有比這CP值更高的溝通方式了。

立即回應也是認同對方的方式之一。如果對方發現你每次都先回覆部長、課長或是其他同事的信件，對方一定會覺得自己被忽視。不管你多麼用心傾聽對方的意見，只要每次都比較晚回覆對方的信件，往往會造成負面效果。就算在自己比較方便的時間跟對方說：

「你想問什麼都可以問喔。」

「遇到麻煩的話，隨時都可以來求救。」

屬下也不會真的這麼做，因為他會覺得自己一直被你忽視，你只是說說而已。與其改變對屬下的評價或是待遇，先試著於平日認可對方的存在吧。

對屬下的期待太低，就無法締造成果

不管是讚美還是叱責，通常都是「事後」的行為，屬下若什麼都不做，就無從讚美或是叱責。所以在屬下完成工作之前就先關注屬下是比較理想的方式。

其中最理想的方式就是「**期待**」。

在屬下完成工作之前，要對屬下有所期待；在屬下完成工作之後，再讚美或是叱責屬下。或許不是每個人都懂「愈讚美，成長愈快」的道理，但是上司應該都懂「**愈是期待對方，對方成長愈快**」這個道理才對。

常常有人說：「不要對別人抱有任何期待。」正因為對對方有所期待，所以才會生氣，才會想要指責對方。如果對對方沒有任何期待，就能平心靜氣地面對對方，一點煩躁的感覺都不會有，說得好聽一點，就是彼此保持良好的關係。

我完全不贊同這種想法，因為我覺得這種態度很不尊重對方。**期待其實是對對方的一種投資**。因為將自己的熱情分給對方，所以才會在無法回收對應的熱情時生氣。不管是誰，只要被背叛期待都會感到煩躁。只不過**生意就是投資**，在挑戰事物之前，一定需要投資。只要是工作，就一定有風險。如果工作未能如預期發展，那當然令人遺憾或是生氣；可當工作如預期發展，你也得到應有的回報，就能從中得到莫大的喜悅。

不需要對屬下施加過多的壓力，但要記得對對方「有所期待」。在受到期待的狀態下，特別有機會締造成果，而這種心理現象稱為「**比馬龍效應 Pygmalion effect**」。反之，若是對對方沒有任何期待，對方很可能就無法創造成果，而這種心理現象則稱為「**魔像效應 Golem effect**」。

我們這些經營顧問常常在客戶的公司看到「比馬龍效應」與「魔像效應」的現象。在上司相信屬下，對屬下有所期待的企業裡，哪怕得多花一點時間，員工往往能夠締造不錯的成果。

「我們公司的員工是笨蛋嗎？」

「我們公司有一半以上的員工是廢物。」

反之，如果員工在每天說這種話的上司底下工作，是無法發揮實力的。一如父母親會對孩子有所期待，上司跟屬下說「我很看好你喔」，也是非常重要的行為。不管是在當事人面前還是背後，都不該說：

「我對那傢伙沒什麼期待。」

「說到底，那傢伙就是沒用。」

一旦對方感受到這類想法，恐怕就無心努力締造成果了。

▢「期待＋讚美」，激發屬下的幹勁！

對別人有所期待，對方也會想要回應期待；如果喜歡對方，對方也很有可能會喜歡你。這就是所謂的「**互惠原則**」。所以，上司在評估屬下的實力之前應該投以百分之百的期待。就算不懂得讚美別人，但每個人應該都懂得對別人有所期待，這完全不需要任何技巧與技術，只需要記得這件事就能做得到。

總括來說，就是這樣：

要讓屬下締造成果，就要先百分之百地期待對方的表現。當屬下為了回應你的期待而努力，甚至超過了平均的水準，就要根據「if-then」原則，由衷地讚美對方。如果屬下無法符合你的期待，甚至明顯低於「理所當然的標準」，就要立刻「叱責」對方，糾正對方的行為。由於「叱責」得適可而止，所以基本上就是**要記得「期待＋讚美」，偶爾叱責對方**。

「期待」「感謝」「讚美」和「叱責」的相關性

信念堅定的負責人會以「if-then」原則決定讚美與叱責的時間點

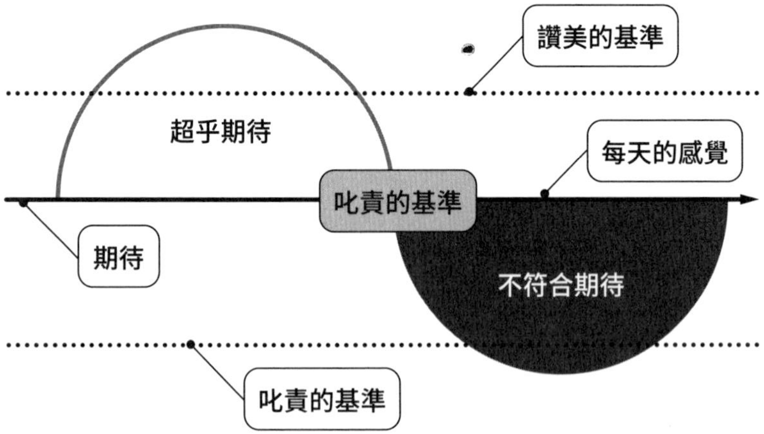

第2章

「強制」與「自主性」的平衡

——該如何強制缺乏自主性的人採取行動？

□ 管理者最常見的煩惱就是屬下的「自主性」

我從事以「使命必達」為信念的企業顧問工作近二十年，曾接觸無數的經營者和管理者。回顧如此漫長的工作經驗，我發現在任何業界，無論企業規模多大，幾乎都面對同樣的組織課題——最常用來形容這個課題的詞彙就是「**自主性**」。

過去很常聽到「動力」或「動機」這類詞彙，如今愈來愈少聽到了。但「自主性」

在任何年齡層都是關鍵字，時至今日仍是一大課題。所謂的「自主性」包含「不被動」「積極採取行動」「積極溝通」這類管理者對屬下的期待。

另一方面，也有很多人認為：「不能期待屬下自動自發，應該要進一步強制他們採取行動。」從昭和時代就習慣這種蠻橫作法的上司會這麼想很正常，就連新創企業的年輕企業經營者有時也會這麼說。若只講「自主性」的確常常會失敗，所以有時候需要一些「強制手段」。那麼在什麼情況該重視「自主性」，什麼情況又需要「強制手段」呢？主要是依照對方的狀態決定。

許多管理者在指導屬下時，都很在意「自主性」這個問題，而本章就要為大家說明「自主性」這個關鍵詞。

▢ 缺乏自主性的人「生病」了

首先告訴大家一個常被誤解的事實——那就是「不積極」是個非常嚴重的問題。在此負責任地說，只要沒有什麼特殊狀況，**缺乏自主性的人可說是「生病」的員工**，最好等到痊癒再上班。是的，缺乏自主性就是這麼嚴重的疾病。

為什麼這麼說？因為身為一個上班族，主動做好工作是理所當然的事，尤其在這個AI與機器人能夠自動完成例行公事的時代，絕不能一味地「等待指示」。只要稍微思考就不難理解，接到指令或是具體的方針才願意採取行動的態度，會對身邊的人造成不少麻煩。光是缺乏自主性，就會對組織造成負面影響，請務必記得這件事，負責指導屬下的管理者也一定要有所警惕。「似乎有很難自動自發的問題」，上司不該只是停留於察覺，而是要讓屬下知道這是「嚴重的疾病」。

話說回來，就算嚴厲地指責也很難改變屬下。到底是身邊太多被動的人？還是當事人自己不夠敏銳？不管是什麼情況，要解決這個問題，就必須因材施教，針對不同的個案提出解決方案。

那麼管理者該做什麼呢？

首要任務就是**先判斷當事人是否懂得自動自發，或是相當被動**。

■判斷有無「自主性」的兩種方法

缺乏自主性的人不知道自己不夠積極。

「真要說的話，我算是積極的吧。」

有些求職者會在面試時如此美化自己，但通常都不太可信。最不值得信任的就是別人的推薦：

「Y先生很有幹勁，如果能成為專案的成員，應該會積極爭取表現吧。」

如上這種說法完全不可靠。

我們不該透過自己的主觀判斷，而是要從客觀的角度判斷對方是否「具備」或「不具備」自主性。主要可透過這兩個觀點判斷：

（一）由內而外／由外而內
（二）做過頭／做太少

▢ 是否具備自己的「度量衡」

以下是第一個觀點「由內而外」與「由外而內」的介紹。

「由內而外」指的是認為問題出於自己；反之，「由外而內」則是認為問題出於自己之外的思考方式。

兩者的差異在於心中是否建立了專屬自己的「度量衡」。

缺乏「度量衡」的人屬於「由外而內」的人，會對周遭的人的思考或行動產生反應，而不是對目標產生反應。這樣的人無法正確地瞭解自己的現狀——看到別人努力，自己也會跟著努力；不然就是放過自己，告訴自己：「應該還不用太努力吧？」這是無法控制衝動、抵擋壓力、習慣將問題推給別人的思考模式。

反之，「由內而外」的人會依照內心的「度量衡」自行採取行動。這種人在無法締造成果時，往往會覺得問題在自己身上，也會觀察自己能夠控制的部分是什麼，無法控制的部分又是什麼，然後盡力控制能夠管控的部分。

如何擺脫「做太少」

「做太多」與「做太少」的觀點更簡單易懂。

只要不是熟練的人，就很難拿捏得「恰到好處」。一般來說，不是「做太多」就是「做太少」，因為在不熟悉工作的時候，不知道做多少才是正確的。

讓我們以報告、聯繫、商量的例子說明吧。

如果是做太多的人，通常會被上司警告：

「我沒有要你連這種小事都跟我商量。」

「什麼事情都寫信報告的話，要怎麼工作啊？」

「我知道你很努力，但不需要像這樣浪費力氣。」

積極主動的人通常會像這樣「做太多」，只要旁人提點一下，應該就能修正。假設上司的基準是100%，做太多的人會做到300%這個程度，所以才會讓上司嚇到。

「真的不用做到這種地步喔。」

一直提醒對方，對方才會從300%慢慢地降到200%，再降到150%，最後降到120%的程度。雖然還是略高於上司的基準，但至少已經是上司能夠接受的程度了。

反觀做太少的人，努力程度趨近於0%，最多也只有10%或20%左右，所以常常會被上司念：「要更積極地報告、聯繫與商量啊！」但這樣最多只會讓對方的努力程度從10%

提升至15%。當事人可能會因為努力程度增加了1.5倍而自我滿足，但距離上司的基準還很遙遠。意思是，不管努力程度多了幾倍，最初的基數太小就沒用，不管多麼努力都無法得到認同。

顧名思義，做太少的人若不付出「不同次元」的努力，身邊的人會覺得他缺乏自主性，請大家務必記得這點。必須要有讓10%變成100%或是更多的鬥志才行，否則由外而內的人是無法轉型為由內而外的人的。

「期待最大化」的思考與「不安最小化」的思考

既然如此，該怎麼做才能讓屬下變成懂得拿捏分寸的人呢？

做太多的人相對容易改變。只需要讓做太多的人不要那麼努力，讓他的努力程度從300%→200%→150%→120%……如此一路減少就好。由於這樣的屬下較自動自發，所以能讓他在毫無負擔的情況下，接近期待的標準值。

反觀做太少的人就需要讓他付出「不同次元」的努力，所以通常會10%→15%→20%→40%→60%→65%→70%→74%……如此讓他慢慢地符合期待。由於當事人無從得知自己不夠努力，所以得小心翼翼地讓他一步步更努力。

「做太多」與「做太少」的人的差異源自思考模式的差異。做太多的人就算不知道能否成功，仍然會對未來有所期待，願意付出時間與勞力，而這屬於「**期待最大化**」的思考模式。另一方面，做太少的人雖然也會努力爭取一定能得到的東西，但是對於不一定能得到的東西，往往望而卻步，這屬於「**不安最小化**」的思考模式。

因此，要改變缺乏自主性的人，就得讓他們減少主動出擊時的不安。

強制「理解」

接著說明具體的「改造方法」。

也就是**強制屬下「理解」該主動採取行動到什麼程度**。不過，請大家將這裡說的「理解」想成：「**理解＝口語×體驗**」只有口語加上體驗，才能算是真正的理解。尤其要讓缺乏經驗的年輕人知道「還沒做之前無法理解」，然後「強制」他們「體驗」。

不過，缺乏自主性的人會覺得：「一定得做到這個程度嗎？」因此還要透過「口語」施加「強制」。

具體來說，**就是強制讓「目的」與「思考慣性」化為詞彙**。

讓「目的」不斷化為口語

為什麼這件事需要主動去做？告訴屬下背後的目的是理所當然的事，就算你覺得屬下明白，也要不斷地告訴他：

「這個工作的目的是什麼？」

「告訴我最終完成的樣子。」

要不斷地問屬下這類問題，直到對方能夠立刻回答。這對光是處理眼前的事情就忙不過來的人，格局太小、視野狹窄的人特別有效。到底是為了什麼做這件工作？為什麼要在期限之內拿出成果不可？透過不斷地問這些事，訓練屬下放大格局、拓寬視野，就能從其他的觀點思考事物。

讓屬下察覺「思考慣性」

不過，能就此理解工作目的的人並不多，所以此時要讓對方不斷地察覺自己的「思考慣性」。

人類的思考慣性與思考流程奠基於過去的「**體驗×次數**」。

「給我自動自發一點。」

對方就算聽到這句話，也不會立刻就照作，因為他們會根據過去的經驗告訴自己「我已經很努力了」「我沒有辦法更積極了」。是思考慣性造就他們如此思考的，所以就算大腦聽懂你在說什麼，身體卻不想配合採取行動。不斷地讓他們察覺自己的思考慣性，就能讓他們不再是「反應型」——說一動做一動的人。

「為什麼課長每次看到我，都會一直說什麼『自主性』，好煩啊！」

就算這個想法掠過腦海，也能立刻打住：

「不對，這就是思考慣性吧？我又以過去的基準判斷所謂的自主性了。」

一旦屬下能像這樣自省，就能以上司所期待的標準，採取適當的行動。如此一來，就能從只等待外部刺激的「由外而內」思考模式，轉變成依照自己信念行動的「由內而外」思考模式。

上司必須有耐心地這樣教育與啟發屬下。**就算只是讓屬下閱讀這篇文章，屬下也會變得很不一樣**，內心的反感會降低不少。

走到這一步之後，才總算能夠「咚」地拍一拍屬下的背部，鼓勵他們前進。這就是「強制」屬下「體驗」。在讓屬下理解之前，就一直對他們大喊「別問那麼多，做就對了」「你先照做，以後就會明白了」是非常蠻橫的方式。早期的話，或許還沒關係，但這種方式在高度資訊化的現代反而會弄巧成拙。

只透過一到兩次的學習（口語）與行動（體驗），是無法讓屬下變成積極主動的人，必須讓他們不斷地學習與採取行動，就算需要半年或足一年才能改變，但在後續的五年與十年屬下都能發揮「自主性」，這對管理者和屬下都是一大幫助。

第 3 章

「速度」與「完成度」的平衡該如何拿捏？

——該重視量還是質？面對這個問題的思考模式

速度與完成度何者優先？

「速度與完成度，何者優先呢？」

某個課長曾問我這個問題。最理想的情況當然是屬下憑一己之力，在期限之內完成工作。不過這位課長的屬下一旦以速度為優先，工作品質就會下降；但以完成度為優先又會想太多、做太久。所以他很困擾，究竟應該讓屬下以速度為優先，還是以完成度為優先？

其實不少管理者都有類似的煩惱。如果管理者本身是重視「速度」的人，就會重視速度與工作量，如果是重視「完成度」的人，就會在意完成度與工作品質。我想說的是，不管重視哪邊都是正確答案。

不過，**如果面對的是經驗尚淺的年輕屬下，我認為應該讓他以「速度」優先**。就算工作量與工作品質都出問題，我也會要求屬下先以工作量為優先。為什麼不能以完成度為優先呢？為什麼工作量比工作品質重要呢？理由有下列三項：

（一）會忘記重要的事情

（二）煩惱會變多

（三）會中途放棄

▢以「速度」為優先的三個理由

不以完成度為優先的第一個理由就是「會忘記重要的事情」，或許大家會覺得意外，但其實這是最常見的理由。

大家聽過**赫爾曼・艾賓浩斯（Hermann Ebbinghaus）的「遺忘曲線」理論**嗎？這個理論的意思是，我們腦中的資訊也會以指數函數般的速度遺忘，遺忘曲線會於二十四小時之後才趨於平緩，但是在開頭的二十分鐘與開頭的一小時就會出現記憶快速流失的現象。

交辦工作給屬下的話，最好讓屬下在二十分鐘之內去做，不然也要在一小時之內

根據赫爾曼・艾賓浩斯的「遺忘曲線」理論進行學習的「快速記憶法」

不複習的話，就會愈來愈難想起來

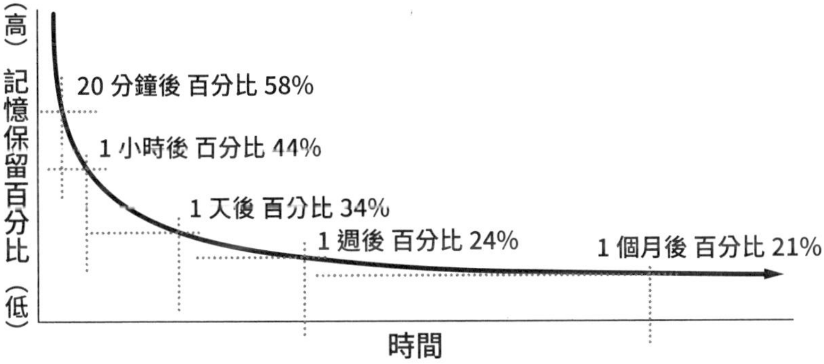

立刻反覆複習，就能輕鬆想起內容

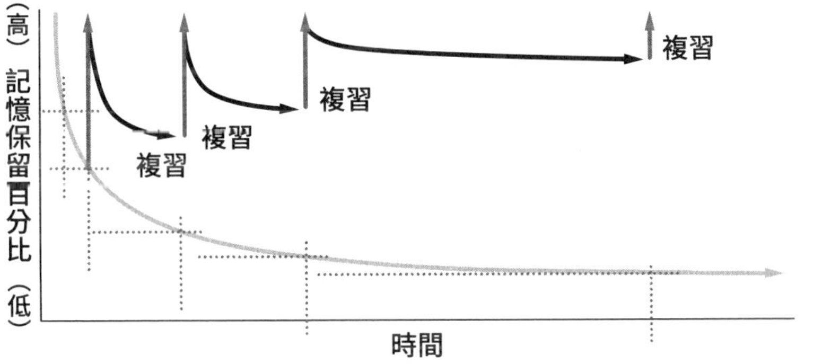

動手處理，這就是所謂的「打鐵要趁熱」。

如果做不到以上的做法，至少讓屬下寫下工作內容，因為動手書寫更容易記住。就算是期限有一週這麼長，也應該請屬下在五分鐘之內動手處理，如此一來，屬下也能預估自己需要多少時間才能完成，也能避免屬下像是趕暑假作業般，在最後一刻才急著處理工作。換言之，就算想以完成度為優先，仍然要請屬下先動手處理工作。

理由二是煩惱會變多。如果以完成度為優先，煩惱往往會變多，理由是**不知道思考的「切入點」在哪裡**。不知道該從何處開始思考，就無法開始思考。

所謂的「切入點」就是思考的開關。

一如不按下開關，機械就不會運作，沒找到「切入點」，腦中的「思考機器」

就不會運作。因此「思考」就會在不知不覺之中變成「煩惱」。**要找到思考的「切入點」需要知識與經驗**，尤其透過「失敗的經驗」能夠得到更多體驗，所以不管是什麼事情，都需要邊實踐邊嘗試錯誤（Try & Error）。就算是精準度不高的假設，只要快速地實踐（Try），不斷地遇到錯誤（Error），就能得到：

「啊，原來是這樣啊，原來是這麼一回事啊。」

正確的思考模式應該是「沒有成功就是學到」，而非「沒有成功就是失敗」。

最後則是第三點的「會中途放棄」。

如果以完成度為優先而開始產生愈來愈多的煩惱，就有可能因為期限愈來愈近而陷入焦慮，同時無法兼督工作進度，只能與交辦工作的上司哭訴與商量。

「我想了很多，但不知道該怎麼做，期限也愈來愈近，該怎麼辦？」

如果期限都快到了，屬下才來找你商量，你當然會想氣得大罵：「為什麼不早點來商量！」可是，屬下本來就不敢來找你商量，因為都還沒實際動手處理，就無從得知該從哪個「切入點」尋求協助。

最糟的是，上司乾脆自己動手。

「算了，你別管，我來做就好。」

一旦上司搶走屬下的工作，屬下就永遠無法成長，彼此的關係也將愈來愈糟，這可說是百害而無一利。

讓「幹勁」變成「不得不做」的四個流程

完成度高於速度，質高於量的思考模式有時會讓動力減弱。因此，就算在交辦工作之後，屬下回答：

「明白！我立刻去做。」

此時上司最好確認屬下真的採取了行動。這是因為屬下若是過了一段時間才做，不僅會忘記交辦的細節，**對這件工作的幹勁與熱情也會急速減少**。一旦過了一段時間，原本「立刻去做」的心情就會轉換成「等等再做就好」，等到期限愈來愈近，腦海說不定就會掠過「趕不上期限就算了」這種自暴自棄的想法。若是變成這樣，情況就會愈來愈糟。此時不僅會告訴自己「趕不上期限就算了」，甚至還會告訴自己「我不做也沒關係」。

（一）「立刻做比較好」

（二）「等等再做就好」

（三）「趕不上期限也沒關係」

（四）「我不做也沒關係」

這個思考慣性是個惡性循環，與以下非常相似：

（一）不夠努力

（二）推卸責任

（三）受害者心態高漲

如果以速度為優先，就不會出現這些「不良的思考慣性」，也就不會陷入上述的惡性循環。

□ 利用「Quick & Dirty」驗證假設

具體該怎麼做才能避免自己陷入上述惡性循環呢？

經營顧問業界一直流傳著「**Quick & Dirty**」這句口號，意思是「**完成度低也沒關係，先完成再說**」。與其重視完成度徒增煩惱，早點動手執行，增加驗證假設的次數，通常較能提升工作的完成度。

話說回來，「Quick & Dirty」可不是亂槍打鳥的概念。漫無章法地亂試只會身心俱疲，也有可能「彈盡援絕」。所以要「瞄準目標再發射」，如果沒「命中」，也要確認誤差的程度，然後再「發射」。假設又沒「命中」，就再確認誤差與「發射」。必須像這樣簡單快速地驗證假設。

反之，如果以完成度為優先，就有可能陷入「瞄準」太過慎重的情況。一旦沒「命中」，有可能變得更加慎重；一旦考慮太多，很有可能在還沒用完「子彈」之前，就先耗盡時間。

提升假設驗證力之「切入點」的種類

我知道大家是為了提升假設的精確度才想「三思而後行」，但是不動手做，就無法得到驗證假設的「切入點」。

讓我們以談生意為例。要想提升談生意的品質，需要找到幾個提升品質的「思考切入點」呢？就算找到十個或二十個也不夠吧。

・思考該完成哪些「準備」才夠的「切入點」
・思考該如何「閒聊」的「切入點」
・思考該如何「收集資訊」才理想的「切入點」
・思考該如何「提供資訊」才對的「切入點」
・思考該如何「提出方案」才實際的「切入點」
・思考該與誰「一起去拜訪客戶」才好的「切入點」
・思考該「提出哪些問題」，讓談生意更順利這點的「切入點」
・思考該如何「提問」，才能看穿客戶內心的「切入點」
・思考客戶介紹其他部門的關鍵人物時，該如何「提問」才正確的「切入點」

談生意是可大可小的事，要思考的事情也非常多。愈有經驗就能找到愈多的「切入點」，而經驗尚淺的年輕人當然缺乏這類「切入點」。就算屬下很想「認真思考」，通常都不得要領。當屬下累積了夠多的失敗經驗，就能擁有這類「發現」或是進行「反省」的想法：

「原來如此，必須具備這樣的觀點才能成功啊。」

「我總算瞭解課長在說什麼了！事前果然需要先準備〇〇功課啊。」

這些用於思考的「切入點」將會成為屬下的資產（「發現」與「反省」的線索請參考85頁）。

以速度為優先，就能學會的三種能力

以速度為優先，能讓屬下學會哪些能力呢？在此介紹最具代表性的三種能力：

（一）挑戰精神

（二）思考力

（三）貫徹力

在這三種能力之中，最簡單易懂的應該是第一的「挑戰精神」吧。

只要一步一腳印地實踐「Quick & Dirty」這個循環，**不管屬下喜不喜歡，一定能讓屬下擁有挑戰精神**。與其說是「精神」，不如說是一種「習慣」，挑戰的「習慣」或「慣性」會自然而然地養成。

「想十秒也想不出答案的問題，再想也沒用。」

說這句話的人是軟體銀行創辦人的孫正義。據說在下棋的時候，想五秒與想三十分鐘的結果有86%相同，這與「快棋理論」相當類似。或許五秒、十秒的說法有點太過誇張，不過一般人通常很難連續思考兩分鐘。因此不管是想一至兩分鐘，還是想兩到三天，結果通常相同。只要知道這點，就能立刻採取行動，就算過程不順利，也能得自己是「學會了」，而不是覺得自己「失敗」，自然而然就會樂於挑戰。因為愈挑戰，「學會了」的東西就愈多，假設的精準度就愈高。

想必讀到這裡，大家已經知道我接下來要講什麼了。重視速度更勝於完成度，就能擁有（二）的思考力。

剛剛提到，愈是挑戰愈能擁有不同的「切入點」，而「切入點」的種類愈多，就愈能在不同的情況下思考，**建立優質的假設**。所以我才說，重視速度，不斷地實踐與犯錯，就能擁有「思考力」。

最後是「貫徹力」，這也是最重要的能力。

如果只在意完成度而遲遲不敢踏出第一步，工作就會被有能力的人搶走，不管過了多久也無法獨當一面。不過，就算屬下的工作完成度不佳，只要讓屬下先動手做，就能讓屬下早一步來求救，也就能早一步幫忙解決問題。只要讓屬下不斷地嘗試與犯錯，就能讓屬下在到達期限之前完成工作。這也是「Quick & Dirty」的核心概念。**當屬下能夠「從頭到尾」完成工作，就會變得更有自信，也就能夠茁壯**。簡單來說，「速度」在職場上就是如此重要的因素。

第4章

「教育」與「經驗」的平衡如何拿捏？

——兩種「察覺」能讓人大幅成長！

「經驗學習循環」已經落伍？

想讓年輕的屬下快速成長時，該重視教育還是經驗呢？

若從組織行為學者大衛庫伯（David Allen Kolb）提倡的「**經驗學習循環**」來看，該重視的是經驗。經驗學習的流程如下：

（一）具體經驗

（二）從不同的觀點省思（觀察與反省）

（三）建立新的想法與理論（抽象概念）

（四）主動驗證新的想法與理論（實踐）

不斷地實踐這個循環，就能深入瞭解事物，正確認識自己的現況，也能在這個過程提升驗證假設的能力。

不過，從我近二十年擔任經營顧問的工作經驗來看，**反而覺得「不該重視經驗」才是正確的**。

時代已經改變了。現在的時代是，過去曾經被某些企業諮詢公司壟斷的知識和方法，現在任何人都能輕易獲取了。在這個時代裡，重視經驗的方式是否真的可行？會不會反而扼殺了屬下的成長，甚至讓屬下失去幹勁呢？

絕對不能說「就算不懂，先做再說」這句話

我想問問擔任管理職的人，在交辦工作給屬下時，會不會說成：

「就算不懂，先做再說。」

「先自己想一想，動手做看看。」

這種語意不清的感覺？

身為管理者，特別需要注意這種「**先做再說**」的概念。

「總之，先分析看看吧。」

「總之，先調查一下最近的教育趨勢。」

習慣讓屬下「先做再說」的管理者最好對這種方式有所警惕。

假設交辦工作的目的不夠明確，很可能沒辦法回答屬下的反問。

所以當屬下問你：

「為什麼要做這些分析？」

「為什麼要收集這些資料？」

你很有可能不分青紅皂白地大罵：「自己動腦子想一想！」

而屬下也會在指令不清不楚的情況下工作。明明屬下是被迫在這種情況下工作，

但有些管理者會反過來挑毛病：

「是誰叫你這樣做的？」

然後才說出自己真正的想法。

這種「挑毛病文化」是昭和世代的遺毒。為了突顯自己比對方優秀，才會丟一句：「什麼事情都需要經驗。」然後什麼都不教，先讓屬下失敗、丟臉，再自以為是

地教導屬下。

「我在剛進公司的時候，曾經突然被派去拜訪客戶。但上司什麼也沒教，我還記得我去拜訪客戶時都快哭出來了。」

先讓屬下聽這些過去的英勇事蹟，然後再說：

「不過，就是因為有過那段艱辛的時代，才有現在的我。」

許多管理者都會像這樣合理化過去的一切，但其實沒有這段艱辛的時代才是對的。**就算自己曾走過佈滿荊棘的道路，也不需要讓屬下體驗相同的經歷**。

習慣「事後諸葛」的上司很有問題

如果管理者習慣跟屬下說：

「總之先做再說。」

「先動手做再說。」

之後才告訴屬下做法的話，有可能會扼殺屬下的成長。因為這種「事後諸葛」的指導方式會讓人看不見經驗學習循環的本質。

經驗學習循環是由具體經驗↓從不同的觀點省思↓建立新的想法與理論↓主動驗證新的想法與理論這四個流程組成。不過，年輕人其實很難正確地實踐這個循環，尤其無法自行建立新的想法與理論，就連管理者自己也很難做到。

這時代四處充斥著五花八門的工作祕訣。但如果每次在交辦工作給年輕的屬下時，都只會說：「最重要的是經驗」，然後又在屬下做完工作之後「挑毛病」的話，屬下就會不知不覺地養成一直說「可是」「但是」「反正」這種喪氣話。

「可是就做不到啊。」

「但是，每次都這樣不是嗎？」

「反正我再怎麼有想法，也會被否定啊？那我再怎麼做也沒用啊。」

然後像這樣跟上司嘔氣。事後諸葛版的經驗學習循環是由下列四種流程組成：

（一）具體經驗

（二）挑毛病

（三）失去自信

（四）不想挑戰新事物

如果管理者總是以這種不清不楚的方式交辦工作，屬下也會變得「先隨便做做再說」，如此一來不管過了多久，屬下都不會成長。

在交辦工作「之前」該做的一件事情

因此重點在於**前置條件齊全**。做到何種地步才算OK？那該怎麼做才能做到這個地步？事前要先溝通清楚，達成共識。

具體該怎麼做呢？要注意的只有一件事——**建立「前瞻性」**。所謂的「前瞻性」就是預測事情的進展與未來，具體來說**就是要釐清「開頭到結尾」的過程**。比方說，當你要求屬下分析資料時，要問屬下哪個參數重要、對方將如何分析這個參數以及統整結果，讓彼此取得共識。這個步驟不能太急躁，也不能否定屬下，而且要徹底執行。

如果無法取得共識，就要繼續問下去：

「更具體的話，該做什麼才對？」

「比方說，有哪些方法？」

要想問出具體的答案，可使用這兩種問題。

讓屬下想要思考的祕訣在於利用溫和的口氣問問題，而不是質問對方，並適時給予提示或幫助。如果上司自己也不知道答案，也可以跟屬下坦白。

「其實我也不知道，要不要一起想想看？」

「的確是這樣耶，那就拜託你了。」

一起思考，一起預測發展，工作的進度就會更加明確，屬下也會變得更有自信。

話說回來，不管預測的精確度有多高，還是有可能會發生預期之外的事情。即使如此，預測接下來的發展還是能對未來抱有希望，也會讓人更想要挑戰新事物。

「領悟」的質與量可讓人大幅成長

「領悟」是成長相當重要的因素。無論是誰，優質的「領悟」愈多，成長的速度愈快。讓人成長的「領悟」可在不同的場合發生，比方說閱讀、接受訓練課程或是與客戶談生意的時候，都能產生不同的「領悟」，但「領悟」也有品質優異之分。

舉例來說，你讀了時間管理術的相關書籍之後，覺得「時間管理果然很重要」，但這種心得算是優質的「領悟」嗎？還是普通的「領悟」呢？其實這屬於普通的「領悟」。你本來就想要閱讀時間管理術的相關書籍，所以在閱讀之前就知道「時間管理的重要性」。

最理想的情況是：

「你想在讀了這本書之後得到什麼？解決什麼問題？」

透過這種自問自答的方式建立「預期的結果」。在大多數的情況下，可參考作者的簡介或是書籍的目錄，思考具體的問題或是對這本書的期待。

「該怎麼做，才能戒掉拖延的壞習慣？」

「想要從不同的角度看待所謂的期限。」

「書中寫了安排一整天時間的方法，這是什麼意思？」

建立這種「預期的結果」才有機會產生優質的「領悟」。

聽演講也是同理可證。在聽演講之前，若是覺得自己只會得到很普通的感想，那麼投資報酬率就會很低。反之，若能抱著期待，整理一些問題，就能得到更具體的心得，投資報酬率也會更高。

減少「反省的領悟」，增加「發現的領悟」

不管是閱讀、聽演講還是談生意，只要能建立前瞻性，往往就能得到優質的「領悟」。這種無法事先預測的優質領悟稱為**「發現的領悟」**。反之，對於可事先預測的事情或理所當然的結果有所領悟，則稱為**「反省的領悟」**。比方說，在談生意之前先確認對方的公司架構圖，就不是後來才察覺的事情。如果只有「反省的領悟」，偶爾才產生「發現的領悟」，成長的速度就會變慢，工作也不會變得有趣。

所以「前瞻性」非常重要。**一步步提升「預測」的層級，「反省的領悟」就會減少，「發現的領悟」也會自然變多**。

「預測」與「領悟」該如何分配比例？

接著為大家介紹一些具體的例子。比方說，上司要下屬「先分析再說」。在分析過程中，應該會有許多想法：

「如果能進一步確認上司的意思再開始分析就好了。」

「如果能請同事事先準備資料就好了。」

「話說回來，我不知道該怎麼分析啊。」

「該分析到什麼程度呢？」

「沒想到資料這麼多種啊。」

「分析這項工作讓我得到許多新的觀點。」

「想要多學習有關這方面的知識。」

我們試著將這些想法分類至「反省的領悟」（★）與「發現的領悟」（☆）吧。

「如果能進一步確認上司的意思再開始分析就好了。」（★）

「如果能請同事S先準備資料就好了。」（★）

「話說回來，我不知道該怎麼分析啊。」（★）

「該分析到什麼程度呢？」（★）

「沒想到資料這麼多種啊。」（☆）

「分析這項工作讓我得到許多新的觀點。」（☆）

「想要多學習有關這方面的知識。」（☆）

如果是第一次接觸的工作，「反省的領悟」（★）會比較多是正常的。但如果努力熟悉工作，「反省的領悟」（★）就會減少，「發現的領悟」（☆）就會變多，因為當經驗愈來愈多，就愈來愈能「預測結果」。

不過，這不代表上司就能讓屬下先做，事後再挑毛病。在屬下能夠獨當一面之前，上司應該陪著屬下一起「預測結果」。大致上，**「預測」與「領悟」的比例以「一比一」最為理想**。我們無法做到完美預測，因此得不到任何「領悟」是不可能的。不過，提升「預測」的層級能減少「反省的領悟」，也有助於屬下成長。

「發現的領悟」能培養屬下的發想力

進行「預測」是屬下自己該做的事，不過在一無所知的情況下是無法進行預測的，所以**一開始才需要「教育」**。如果缺乏「基礎教育」，就會缺少思考所需的知識與觀點。接受基礎教育之後，屬下才有辦法一個人進行預測。如果無法獨力進行預測，上司可陪著屬下一起預測接下來的發展。這就是優質的ＯＪＴ（在職訓練）。一起預測接下來的發展之後，就能在工作結束後，一起分享「領悟」的結果，例如得到顧客資料分析的新觀點或是疏漏之處。

只要不是理所當然的結果，**都可以讓屬下和你分享他的心得，一起樂在其中是非常重要的一件事**。即使是上司早就知道的事情，讓屬下以自己的立場說說感想也非常重要。聽到屬下說「我現在才發現這件事」「這是很重要的發現」之後，上司要與屬下一起覺得這些「發現的領悟」很有趣。

「發現的領悟」可說是一種美妙的因緣際會，這些意外的發現能培養發想力，也能培養挑戰精神，帶來工作方面的成就感。

讓屬下快速成長的「預測方式」

總結來說，在對屬下下達指令時，不要只說「總之先做看看」，而是要讓屬下預測後續的發展。如果屬下的經驗不足，就要陪他一起預測後續的發展，扮演輔助的角色。工作完成後，也一定要分享「心得」，讓屬下更懂得預測工作的進程。

積極分享「發現的領悟」，建立融洽的溝通方式是非常重要的。在教育比例逐步升高的現代，基礎教育與事前學習都能提升經驗的品質與成長的速度。

讓我們根據以上的內容，更新「經驗學習循環」：

（一）接受基礎教育

（二）預測後續發展（屬下經驗尚淺時，由上司陪同）

（三）實際體驗工作過程

（四）回顧與領悟

（五）試著讓屬下在接下來的工作預測後續的發展

試著透過這種由「預測後續發展」與「領悟」組成的「經驗學習循環」栽培屬下吧。因為時代正在改變，教育與學習的重要度也與日俱增。

第5章

「努力」與「輕鬆」該如何拿捏平衡？

——讓屬下全力以赴與放輕鬆的時間點

▢ 帶領屬下締造成果，踏上成長與成功之路的「管理方式」

管理者栽培屬下時，最在意的就是該在何時讓屬下全力以赴，又該在何時讓屬下放輕鬆吧？讓屬下太拚命可能會讓對方無法發揮潛力；讓屬下太放輕鬆則可能無法發揮原有的實力。

不過這一切僅適用於經驗豐富的資深員工。如果對經驗尚淺的年輕屬下說：

「你不用太努力啦。」

「照自己的步調去做就好。」

年輕的屬下很可能會原地踏步，毫無成長。如果覺得自己毫無長進，屬下的熱情與幹勁就會消退，你也就有可能陷入下列的「惡性循環」。

（一）逼屬下拚命

（二）屬下沒有任何成長

（三）無法把工作交給屬下

（四）屬下失去幹勁

（五）不敢再讓屬下拚盡全力

那麼該怎麼做才對呢？

本章要告訴大家，該在什麼情況下讓屬下「拚命」，以及在哪些情況下讓屬下「放輕鬆」。這次要使用的是「**學習四階段**」這個思考框架。

在進入正題之前，必須先進一步瞭解這兩個判斷標準：

- **屬下學會了嗎？**
- **屬下熟悉了嗎？**

▢ 問題不在於「適不適合」而是「熟不熟悉」

這世上有些人是以「適不適合」判斷工作的。

若從結論說起，**以「適不適合」看待工作是非常短視的思考模式**。經過拆解，就會發現工作是由數不盡的任務（業務、作業、處理）組成，而這些任務通常是能夠慢慢「熟悉」的。

比方說，就算是覺得自己「很擅長製造產品」，也需要學會使用科技產品製作文書資料的技術，以及帶領團隊或是管理品質這些技巧。這些技巧只透過操作機械是學不會的，必須不斷地學習與實踐才能學會。

所以重點**不在於「適不適合」，而是「熟不熟悉」**。

屬下學會了嗎？熟悉了嗎？

有些人很在意是否具備技巧這件事。當下做不到，但經過學習後，慢慢地做得到的現象稱為「技巧升級」。許多人對於「技巧升級」這件事很有興趣。不過，是否具備技巧，通常與**是否能在新的情況學到新知識，或是熟悉新的情況有關**。只有反覆地學習與熟悉流程，技巧才能提升。

如果需要生理因素配合的話，就必須鍛練身體，增加肌肉量；或是練習發聲，改變自己發聲的方式。不過，這些事情只要學會重訓的知識，熟悉重訓的方式就能學會，哪怕每個人的體質不同也沒問題。

換言之，要讓屬下成長、締造成果，只需要以下兩點而已：

・讓屬下用大腦學會
・讓屬下用身體學會

我很常在演講的時候使用「記住了嗎？」「熟悉了嗎？」這類詞彙。我能透過這些問題的答案瞭解對方是否真的吸收了知識，並做好實踐的準備。栽培屬下與帶小孩是同個道理，重點在於掌握上述兩個重點，讓屬下一步步提升技巧與締造成果。

「隨便你，愛怎麼做就怎麼做」是有如惡魔的話語

接著要介紹的是，要讓屬下成長，該讓屬下先學會哪些事情、熟悉哪些事情。雖然有點老套，但簡單來說，**就是先讓屬下學會最基本的習慣或是技術**。

有些人會說：「要成功就要做想做的事。」但我覺得這種說法實在罪孽深重，是會讓許多人產生誤會的惡魔話術。

比方說，我的兒子從小就愛踢足球，但一直踢不好。不管多麼喜歡足球，但總是比不上同年級的孩子。我一直覺得原因其中之一出自身為父親的我身上。就算兒子升上了高年級，還是不擅腳背挑球這個動作。兒子雖然喜歡足球，卻很討厭練習腳背挑球。於是我忍不住對兒子說：「既然討厭練習的話，不用逼自己練習喔。」我完全不瞭解足球，所以也不知道腳背挑腳做為基礎練習有多麼重要。

換言之，不管是什麼事情，只要經過拆解，都會遇到不喜歡的事情。即便自己不擅長這些不喜歡的事情，也必須努力克服。所以在管理屬下時，有必要讓屬下將注意力放在不擅長、不喜歡，卻很基礎的事情。

何謂「學習四階段」？

若屬下的成長階段以「學習四階段」表示，可得到下列四階段：

（一）無意識的不能（不知道所以不能）

（二）有意識的不能（知道卻不能）

（三）有意識的能（知道也做得到）

（四）無意識的能（自然而然做得到）

接下來仔細解說每個階段。

第一種是「無意識的不能」，也就是「不知道所以不能」的狀態。若以開車比喻，就是不知道怎麼開車，所以無法開車。

第二種的「有意識的不能」是「知道卻不能」的狀態。若以開車比喻，就是學過開車，但無法實際上路的狀態。

第三種的「有意識的能」則是「知道也做得到」的狀態。這是正在持續訓練，讓身體記住一切的狀態。在駕訓班不斷練習開車之後，只要想開，就能開得了車。但這種狀態通常是身體很緊繃的狀態。由於還沒習慣，所以還是會感受一定程度的壓力。在這種狀態下最重要的就是仔細管控屬下的狀態。

第四種是「無意識的能」，也就是自然而然做得到的狀態。此時的「做得到」是「靠著潛意識就能做得到」的狀態。此時是沒有任何壓力，也完全不需要動力，自然而然就能做得到的狀態，因為一切已經變得如呼吸般自然，也就是所謂的「熟能生巧」。一旦成長到這種狀態，屬下就能自然而然地完成該完成的事，不需要特別管控，意思是不需要勉強屬下。

①學習四階段（無意識的不能）的示意圖

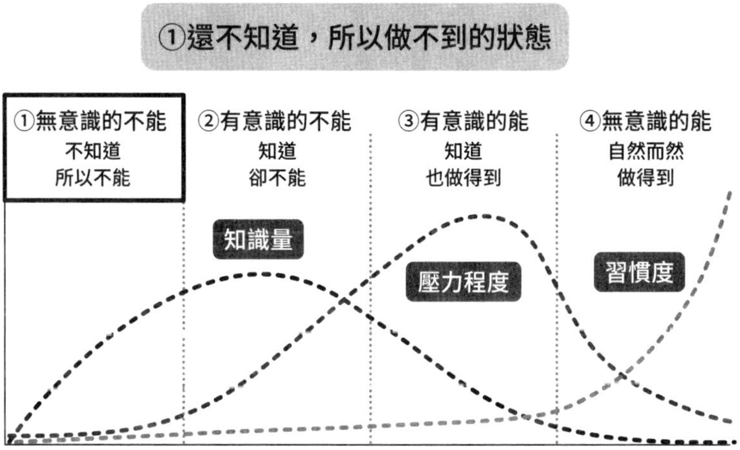

準備吸收知識的階段

②學習四階段（有意識的不能）的示意圖

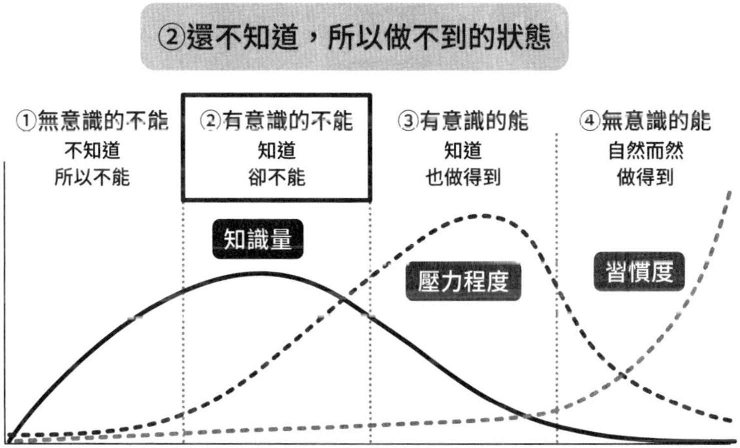

接受了訓練，但還不知道該怎麼做，還無法實際行動的階段

若以開車來比喻，應該會比較容易理解。如果是資深司機，開車就像喝水一樣簡單，完全不需要注意細節也能輕鬆抵達目的地，不需要特別費心也能輕鬆駕馭車子。

要讓屬下依照這四階段成長時，最先該思考的是要**讓哪種行動變成「無意識的能」的狀態**。只要能釐清這點，就等於掌握讓屬下成長的管理術。

③學習四階段（有意識的能）的示意圖

③知道也做得到，但還不到熟能生巧的地步

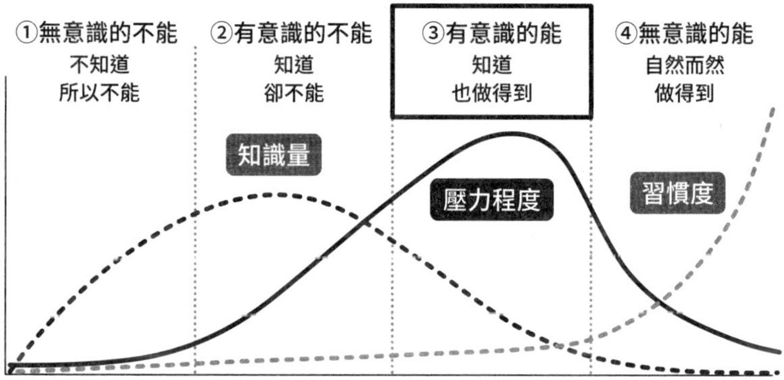

身邊的人「不提醒」，就做不到的狀態，
所以算是承受沉重壓力的階段。

④學習四階段（無意識的能）的示意圖

④知道也做得到，已到熟能生巧的地步

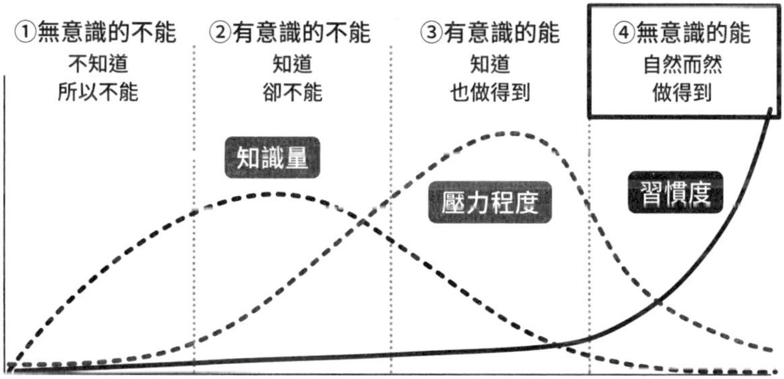

脫離壓力很沉重的③的階段，進入熟能生巧的階段。

▢透過「學習四階段」說明讓屬下努力的重點

接著讓我們一起瞭解該怎麼做，才能應用學習四階段進行管理，明白該讓屬下在何時努力，以及讓屬下在何時放輕鬆。

（一）無意識的不能（不知道所以不能）↓讓屬下付出努力
（二）有意識的不能（知道卻不能）↓讓屬下付出努力
（三）有意識的能（知道也做得到）↓讓屬下付出努力
（四）無意識的能（自然而然做得到）↓不需要讓屬下付出努力

在「無意識的不能」這個階段時，必須讓屬下努力吸收知識。此時不能寄望於屬下的自主性，因為屬下對未知的事物無從下手。就算已經學過，一旦忘記，想做到也做不到。此時要記得確認屬下是否記得學過的知識。

其次的「有意識的不能」的階段，當然也要「讓屬下付出努力」。不管是誰，做不熟悉的事都會有壓力，但真正辛苦的是持續行動（訓練）。

就算進入「有意識的能」的階段，也還是要讓屬下繼續努力。在進入「無意識的能」的階段（熟能生巧的階段）之前，持續「努力」或許很痛苦。但只要能擺脫這個狀態，以後就能一勞永逸，所以我才說，管理者要陪著屬下成長。

只是埋頭苦練當然無法成長，必須在訓練的過程加點創意。

不過，在還沒成為「習慣」、身體還未「記住」行動的階段，再怎麼思考也無法完美完成工作，因為當注意力都集中在行動本身時，是無法專注於思考的。

■ 締造成果的「焦點化原則」

大腦一次只能聚焦單一事件，而這稱為「**大腦的焦點化原則**」。所以就算為了締造成果而提出一大堆需要改善的部分，也不可能一次全部改善。**應該先聚焦在單個改進點，讓該部分成為「無意識的能」的狀態**，再將注意力放在下一個該關注的行動（訓練）並加以提升。

上述的安排必須恰到好處。不能一直催屬下拿出成果，也不能對屬下下達「要想拿出成果，就要學會A、B、C」這種指示，而是要跟屬下說：

「想拿出成果，要先把A練到熟能生巧的地步，先不必考慮B與C的部分。」

乍看之下，這樣似乎是繞遠路，但其實這是抄捷徑。一旦A的部分像呼吸一樣簡單，就能將注意力轉向B或C了。

為什麼想放輕鬆就會變成「偷懶」呢？

不管是要挑戰新事物，還是得跟相對陌生的人一起工作時，身心往往會變得很緊繃，尤其年輕人更是如此。一如開頭所述，一旦變得緊張，身體變得僵硬，就無法發揮原有的實力。這時候會跟自己說「放輕鬆一點」「冷靜一點」，管理者應該也會跟屬下說「沒問題啦」「不要擔心」「放輕鬆一點」對吧？

話說回來，愈是「叫自己放輕鬆」就愈難做到。如果已經學會「學習四階段」，應該已經知道我想說什麼。**光是大腦知道要放輕鬆，是無法擺脫壓力的，只有等到身體習慣了，才能真的放鬆**。只有真的放輕鬆之後才能發揮真正的實力。

不過，在做還不習慣的工作時，不應該鬆懈。聽說某位年輕的業務員只要隔天得上場做簡報，就會非常緊張，所以上司都會帶他去吃晚餐，幫他緩解緊張感。

「多虧上司幫忙，我才沒那麼緊張。」

雖然當事人也覺得很開心，但簡報的過程還是坑坑巴巴的。這位年輕的業務員喪失了自信，甚至還會說：「我覺得自己很不適合簡報，以後請交給更適合的人。」容我重申一次，沒有所謂的「適合不適合」，只有「習慣不習慣」。如果我是那位上司，不會帶屬下去吃晚餐，而是不斷地讓他練習簡報。透過重覆練習，能讓屬下記住簡報的內容、使聲音充滿表情，而不會只是念稿。如此一來，屬下就會變得更有自信，也比較不會那麼緊張。

不熟悉就無法完全放鬆。不過，若已「盡了全力準備」，就算失敗了也應該不會後悔。在年輕的時候，放輕鬆很有可能會變成「偷懶」。雖然可以跟屬下說「不要緊張」「放輕鬆一點」，**但最能讓當事人放心的方法是讓他徹底暸解工作與熟悉工作。**

第6章

該如何拿捏「鼓勵」與「忽略」的平衡呢？

——屬下沮喪時，該如何替他打氣？

絕對不能在屬下沮喪時做的事情

不管是誰都會有沮喪的時候。尤其是自以為做了有益於對方的事，結果卻弄巧成拙的時候；或是朝錯誤的方向努力的時候，都會讓人更是沮喪。當屬下陷入這種狀態時，管理者該如何應對？該鼓勵嗎？還是假裝沒看見？

答案當然不只一種，必須視情況進行個案研究。不過無論是什麼情況，有件事管理者絕對不能做——那就是「炫耀自己的不幸」。

「不要因為那點小事就沮喪啦，因為我之前可是被社長大罵『給我滾，我不想再看到你』喔！」

這應該是為了鼓勵屬下才故意提及自己丟臉的過去對吧？但是在大多數的情況下，事情都不會如上司所預設地發展。

「沮喪會讓什麼事情都變得很糟。」

當事人最清楚，最能理解這種感覺。盡管如此，當事人就是無法控制這種情緒才會沮喪，會厭惡自己、喪失自信。就算對沮喪的屬下訴說自己悲慘的過去，也無法讓屬下轉換心情。請大家務必記住，會因為上司的悲慘而開心的屬下，其實沒那麼沮喪。

那麼該怎麼鼓勵變得不理性的屬下呢？**如果問題出在屬下身上，就不能忽視，而是該教育屬下，甚至有時候該叱責屬下；反之問題不在於屬下時，只需稍微鼓勵他，不必反應過度**。重點在於視情況下做出不同反應與處置。

為什麼？讓我們透過具體的例子說明吧。

為什麼不能跟別人說自己「沮喪的原因」呢？

首先要說明的是，問題不是出在屬下身上的情況。

有時候生意不一定會如預期發展。更準確地說，常常進行不同挑戰的人很常遇到這種情況，所以就算事情不太順利也不會太在意。無論多麼努力，做不到的事情就是做不到，如果已經盡人事，卻還是無法締造理想的結果，那也無可奈何。**重點在於是否盡了全力，做了所有能做得到的事情**。管理者應該時時提醒屬下這些事情。

順帶一提，正在讀本書的你是怎麼想的呢？在沮喪的時候，希望他人能夠：

・鼓勵你？

・忽視你？

請試著回想過去，得到哪種對待的你，是最開心或感動的呢？

若是我的話，會希望對方：

・忽視我

・讓我一個人靜一靜

・不要跟我搭話

理由很簡單，**因為這會讓我想起沮喪的原因，讓我「再次回到當下的情景」**。假設上司跟你說：

「我曾經花了整整三天寫好企劃書，結果卻被客戶大罵『不知道在寫什麼』，你不用太在意啦。」

聽了上司分享自己悲慘的故事，你恐怕只有當下會覺得稍微好受些，但過沒多久就會想起客戶說的話，然後回想起自己花了好幾天寫企劃書的痛苦，甚至會想起客戶一臉聽不懂的表情，滿腦子都充斥著客戶那些尖酸刻薄的話。

如果是成功經驗的話，可以盡量分享。分享成功經驗能讓屬下湧現自信，回想之前的流程，然後告訴自己「下次也要這麼做」，然後依樣畫葫蘆，重現相同的成功。不過，若是跟別人說自己的失敗或是挫折，只會讓自己「回到當時的情景」，可能因此失去自信。

人類的思考慣性和流程是奠基於過去的「衝擊×次數」。不管是哪種經驗，體驗的次數都只有一次，時間一久就會忘記，但我們不斷地想起該經驗，就等於不斷地經歷該衝擊。

不斷地想起不願想起的衝擊，會導致自己的思考流程改變。明明原本很有自信，有可能會因此而慢慢變得沒有自信。所以只要盡了全力就好。如果盡了全力，卻還是失敗的話，就不必太在意，也不需跟別人訴苦，因為這種經驗只需體驗一次就好。

不要讓屬下「訴苦」

「如果心裡很痛苦，說出來會比較痛快。」

有些人會如此建議，也有不少書籍建議讀者「訴苦」，主張這麼做能夠轉換心情與消除壓力。但我一直覺得不該讓屬下這麼做。一如前述，這麼做會讓屬下「不斷地揭開過去的傷疤」，讓想法愈來愈負面。

「我能做的事情只有聽你訴苦而已。」

會這樣跟屬下說的管理者要特別當心。

在教育課程學到「傾聽的重要性」，然後不假思索地跟屬下說：「我願意聽你訴苦，想說什麼盡量說。」

像這樣的上司愈來愈多。但我想說的是——如果不懂得傾聽，真的不要這麼做，而且明明屬下也沒跟你說「請聽我訴苦」，你卻跟屬下說：

「你現在很沮喪對吧？說出來吧，我會聽的。」

這只是某種自我滿足而已，你只是想讓對方知道「我是你的知心人」，所以千萬要提醒自己，不要這麼做。

基本上，不要跟屬下眼神交會，在心裡默默地守護屬下就好。在心裡默默地守護，就能更敏銳地觀察屬下的一言一行。

「課長，能不能跟您討論一下下週的案子呢？」

「喔，怎麼了嗎？」

如果屬下不提讓自己沮喪的原因，只想著接下來該怎麼做的話，上司只需要感同身受地幫助他。

就算真的想鼓勵對方，也只需要說：「有時候就是會這樣啦」「不用在意啦，放輕鬆」，像這樣就夠了。只需要幫助屬下建立「朝正確的方向努力，總有一天會有回報」的觀念即可。或許屬下無法察覺自己是因為上司而變得樂觀，但這樣也沒關係，上司不該硬將這個功勞攬在自己身上。

■ 不該說「別在意、別在意」的時候

接著要說明的是，屬下因為自己的問題而變得沮喪的情況。

要先說的是——**此時沒有「鼓勵」這個選項**。因為是屬下自己的問題，所以不能跟屬下說：「別在意、別在意」。

話又說回來，也不能責備屬下：「你真的知道自己為什麼會失敗嗎？」不能像這樣落井下石，硬逼屬下回想「痛苦的失敗」。**如果屬下知道自己錯在哪裡，那你只需要在一旁守護他**。問題在於屬下不知道自己為什麼失敗，為什麼無法締造成果。

「我做了所有能做的事情了，如果還是這樣，那我也沒辦法。」

如果屬下是抱著這樣的想法，那你絕對不能假裝沒看到。**為什麼會失敗？你必須讓屬下清楚知道這點**。這是上司該教育屬下的部分，不能期待屬下透過耳濡目染的方式學會。這是屬下必須牢牢記住的部分，所以你也要花時間，一步一步地教導屬下。

接下來為大家介紹能用來教育屬下的思考框架——**「鄧寧克魯格效應」（Dunning-Kruger effect）**。

希望早十年知道的「鄧寧克魯格效應」

在知道這個鄧寧克魯格效應時，我當下真的覺得：「要是能早十年知道的話，我的人生應該會變得更豐富吧！」沒錯，這就是讓我如此震撼與驚豔的思考框架。這是上司想提升屬下的市場價值，就非得要知道的概念。話說回來，鄧寧克魯格效應到底是什麼？首先為大家解說這個心理效應。

鄧寧克魯格效應是指能力愈低或經驗愈少的人，愈容易過度自信的認知偏差，也稱為「井蛙現象」。從事經營顧問近二十年後，很常親眼見證這種心理現象——愈是業餘的人，愈不積極學習與訓練；愈專業的人，愈是謙虛以及自我訓練。

所以當不成熟的屬下覺得「這次雖然不順利，但問題不在我身上」，這代表他出現了鄧寧克魯格效應，不會覺得是自己的實力不足。如果屬下試圖轉換心情，對自己說「沒關係啦」「別在意、別在意」，上司就應該給予當頭棒喝，告誡屬下：

「你會失敗，是因為你學得不夠。」

「如果不進一步提升工作技巧，只會再犯相同的錯喔。」

實力不足的人不知道該讓自己的實力提升到何種程度才足夠。有些年輕屬下在遇上新手運後，還會驕傲地覺得：「該不會我是天才吧？」我不建議上司挫屬下的銳氣，但還是該點醒屬下別太相信自己的實力，否則屬下就無法順利成長。

為了讓大家更瞭解鄧寧克魯格效應，下一節將以曲線圖說明這個效應。

「變得好為人師」是警訊

明明才學會皮毛，才做出一點成績，就過度自信的狀態可說是「**愚昧之巔**」。

例如，在缺乏社群行銷的知識或經驗時，大部分對於社群行銷都是沒有自信的。

「我沒玩過社群媒體。」
「我不覺得自己懂行銷。」
假設在公司的安排下進行社群行銷，結果追蹤者愈來愈多，甚至成為話題的話，會發生什麼事？
「你很有天分啊！」
「你居然成為客戶之間的熱門話題，太厲害了吧！」
身邊的人有可能會如此吹捧，當事人也有可能因為拿出成績而變得很有自信。
此時當事人或許會說：
「誰都能透過社群媒體締造成果啦！」
「如果有不懂的事情可以問我。」
這就是登上「愚昧之巔」的狀態。我的這類經驗可說是多不勝數。在新冠疫情爆

鄧寧克魯格效應
（知識與能力愈不足的人，愈容易自我感覺良好）的曲線

①還不能說自己「徹底了解」，
掌握主導權的階段

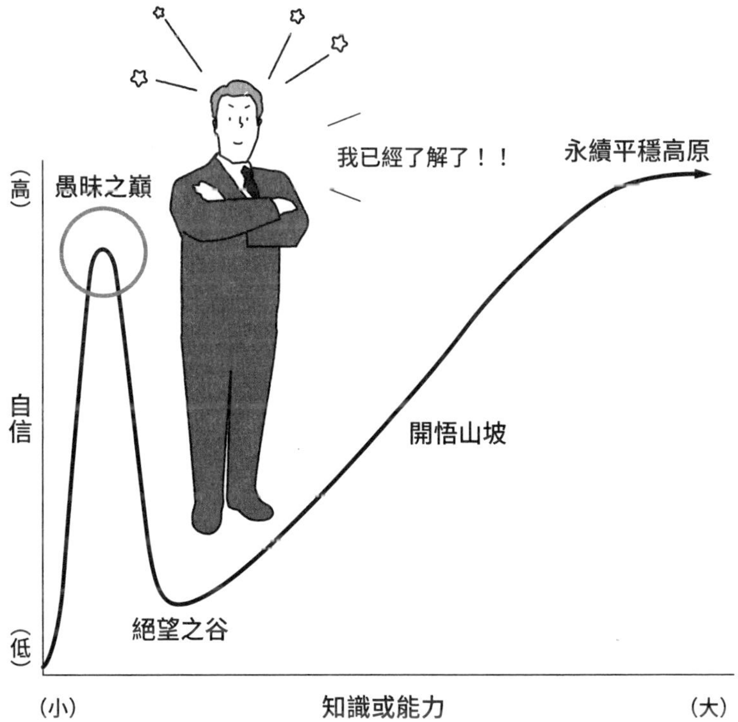

發後，我開設了 YouTube 頻道，受到不少人歡迎，許多客戶也給予好評。

「我也想像橫山先生這樣，透過影片宣傳。」

「哪些影片才能受到歡迎呢？」

常有人這樣問我，當時的我像是要炫耀地說：

「影片的縮圖應該這麼做。」

「設定適當的標題與標籤最重要。」

一副志得意滿的樣子。直到被 YouTube 顧問點破問題之前，我都陷入自我感覺良好的迷霧之中。

該如何面對把錯怪在別人頭上，變得沮喪的屬下？

此時很有自信，爬上「愚昧之巔」的當事人，在面對諸事不順時很容易把錯怪在別人頭上。

「沒想到這個企劃會被駁回，為什麼高層不懂這個企劃有多厲害呢？」

明明實力不足，卻產生了像是這樣的誤會。我之前遇過一位表達能力有問題，卻總覺得是客戶聽不懂的業務員。如果一直這樣，永遠都無法成長。

如果遇到這種屬下，千萬不能還鼓勵他：

「這次只是運氣不好。」

「下次一定會順利。」

當然也不能假裝沒看到。上司很難讓這種屬下知道自己正位於「愚昧之巔」的狀態，所以必須想辦法讓他自己覺醒。**最理想的方法就是正確地教育他**。如果還是做不到，就請什麼事情都直言不諱的專家點醒屬下。總有一天，屬下會露出實力不足的狐狸尾巴的。**早點讓屬下幡然醒悟，是上司對屬下的疼惜**。

重點在於跌落「絕望之谷」之後

明明實力不夠，卻因為新手運而充滿自信的人比比皆是。但只要持續在同一個領域工作，大部分的人都會跌入「**絕望之谷**」。比方說，遇到真正的專家、在接受正統的教育之後、瞭解自己有多麼愚昧之後，都會深切地自己的實力有多麼不足，所以才會「沮喪」。跌入「絕望之谷」可說是必要的沮喪方式。

重點在於跌入絕望之谷之後的心境。

「原來我什麼都不是」，是像這樣失去自信嗎？

還是「可惡，我要振作」，如此開始磨練自己呢？

管理者當然要幫助屬下選擇後者。

在屬下跌入「絕望之谷」之後，只需要跟屬下說：「誰都會遇到這種情況喔。」

真正的專家（真正的成功人士）從來不會錯過磨練的機會，就算知道自己已經在某個領域游刃有餘，也絕對不會覺得「這樣就夠了」。

鄧寧克魯格效應
（知識與能力愈不足的人，愈容易自我感覺良好）的曲線

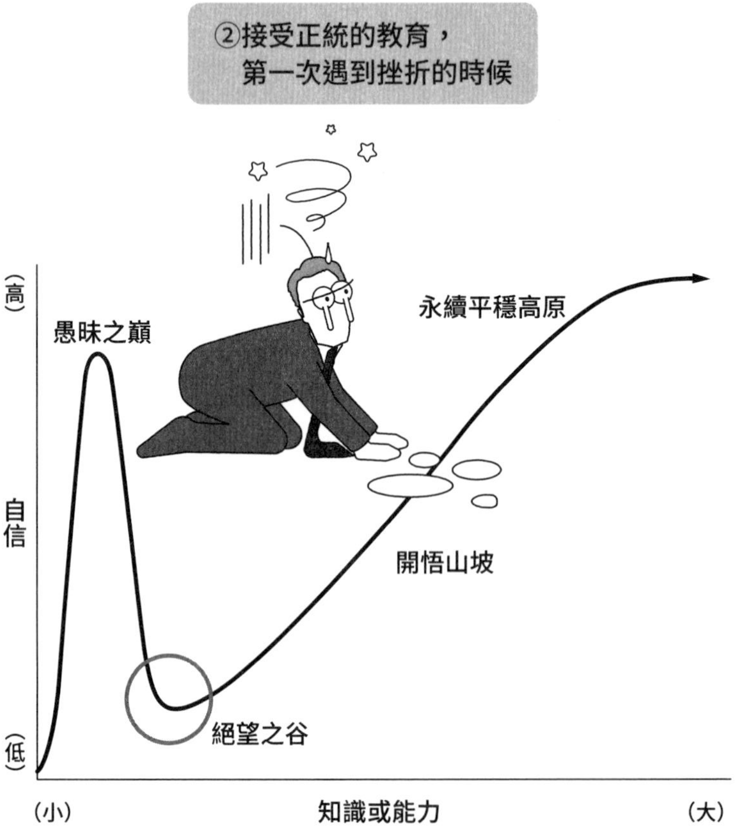

不需要鼓勵屬下的時候

跌進「絕望之谷」之後就會喪失自信，而且很難找回原有的自信。這時候會變得謙虛，一步一腳印地磨練自己，這個階段稱為「**開悟山坡**」。

我們經營顧問的職責就是陪著客戶一起爬上「開悟山坡」。進三步，退兩步；進兩步，退三步。有時會重覆這樣的過程，會覺得自己一直在原地踏步，但只要持續努力，視點就會愈來愈高，慢慢地就能看到不同的世界。當視點愈來愈高，看到遼闊的世界之後，就會變得更加謙虛，因為會偶爾想起之前不可一世的自己，不準自己再犯相同的錯誤。

管理者就該像這樣陪著屬下一起走，一起保持謙虛登上「開悟山坡」。在過程中一樣會遇到許多挫折，只是程度不像「絕望之谷」那麼低落，在這個過程中屬下不再將錯怪在別人頭上，因為已經知道是自己的能力不足。

所以這時候**上司只需要默默地守護屬下，不需要出言鼓勵**。此時要放手讓屬下自我砥礪，對方才能在未來獲得成功，市場價值也會一步步提升。一旦市場價值提升，就有機會認識同領域的專家，而成功人士的態度更加謙虛，受對方薰陶的屬下也會變得更加謙虛。一旦進入這個循環，**上司就不太需要鼓勵屬下，就算看到對方再次受挫變得沮喪，也可以放手不管。**因為屬下已經一步步成為專業人士了。

鄧寧克魯格效應
（知識與能力愈不足的人，愈容易自我感覺良好）的曲線

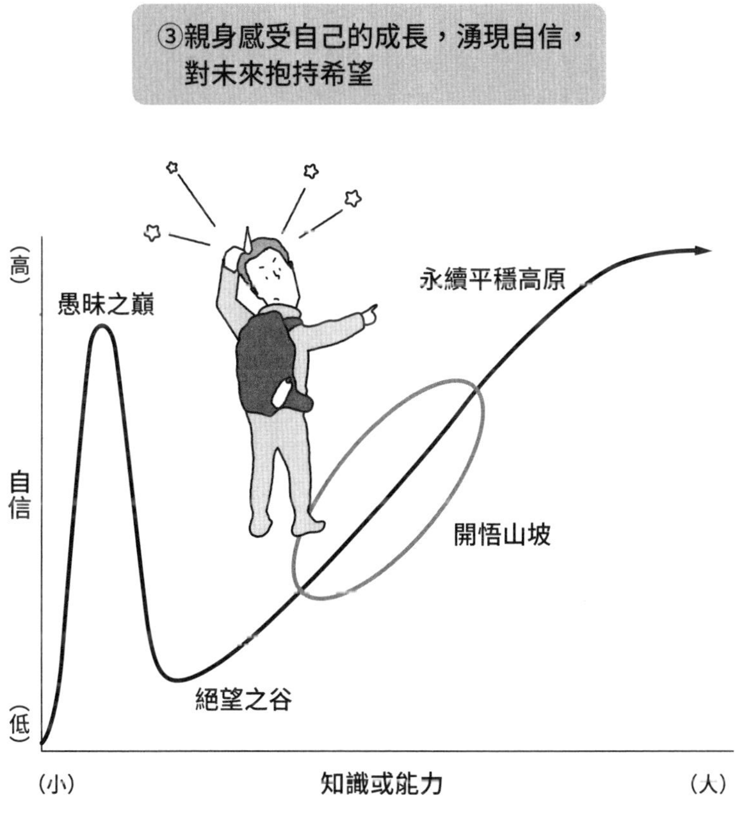

學到的知識融會貫通後會成為智慧與知性，而這種狀態稱為「**永續平穩高原**」。

這條路雖然漫長，但順利的話大約五到十年可以達到這個領域。上司也該以此為前提，不斷地鼓勵屬下、適時冷處理屬下的沮喪情緒（其實五到十年不算太久，快的話二十幾歲就能成為專家）。

鄧寧克魯格效應
（知識與能力愈不足的人，愈容易自我感覺良好）的曲線

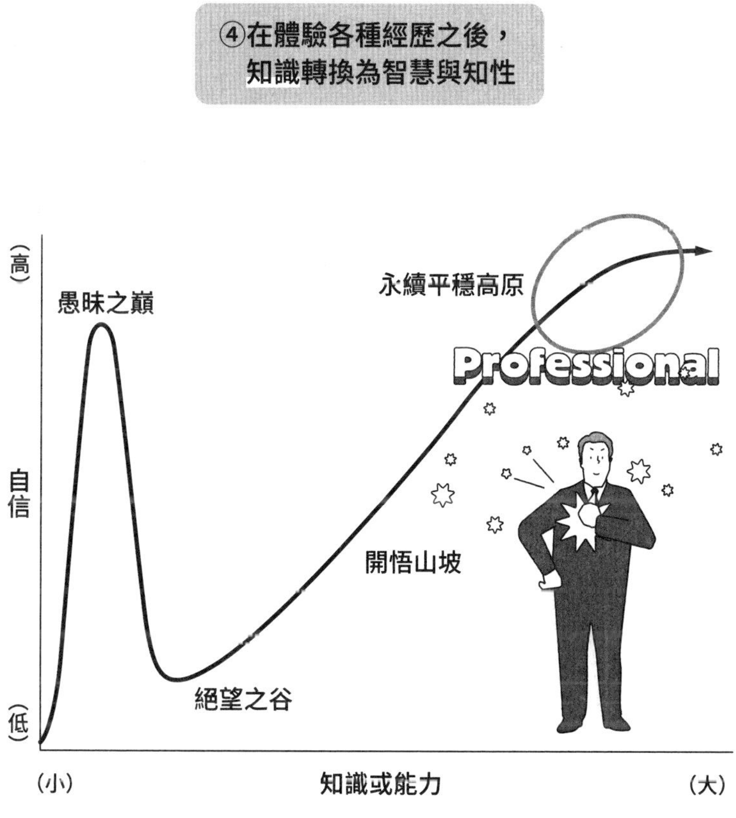

第7章

「個人的成長」與「組織的利益」如何拿捏平衡？

——必須瞭解「責任」「權利」「義務」的相關性

□如果遇到不負責任，只想主張權利的年輕人，該怎麼辦？

「我要去證照補習班，所以不加班了。」

某間科技企業的課長聽到剛進公司三個月的新人這麼說。

「明明是他說要接這份工作才交給他的，沒想到一點責任感都沒有，只會主張自己的權利，這到底算什麼啊？」

也有屬下會說：「我希望自己變得更好，所以正在學英語，請不要給我太多工作。」而屬下做不完的工作就會跑到上司或是其他資深員工的手上。

近年來，愈來愈多年輕人以發展自身技能為優先，不顧組織的利益。在AI這類科技創新的商業工具陸續問世之際，年輕員工**很難想像自己一直在同一間公司、同一個職種工作**。如今，年輕人的工作價值觀與四十幾歲、五十幾歲的資深員工從本質上就完全不同。

那麼，面對這樣的年輕下屬，應該如何應對呢？接下來將解釋做為管理者應該注意的事項。

□ 從「責任、權限、義務」的觀點思考

能幫助我們面對上述情況的是「**責任、權限、義務**」的觀點。這是工作中最基本的，上司與屬下都應該正確理解的思維。

第一步先從詞彙的定義開始。

（一）什麼是「責任」？

（二）什麼是「權限」？

（三）什麼是「義務」？

首先要定義的是（一）的「責任」。**所謂「責任」就是完成被交辦的職務**，就算

只是十分鐘就完成的小任務，也必須負起責任妥善地完成。至於年度目標這種大任務，當然也有責任持續推動相關的工作，以求達成目標。

接著是定義（二）的「權限」。**所謂「權限」就是為了完成工作**，自由應用經營資源的權利。如果職員無法創造預期的成效，可以和上司商量或是請同事幫忙。如果被交辦大型專案，可向公司申請團隊成員，也能申請更多資金，以便達成目標。因此不管你多麼努力，只要沒有妥善運用權限，導致自己未能達成目標的話，就等於失敗。簡單來說，要想完成工作，就得積極運用組織的資源。

最後要定義的是（三）的「義務」。**所謂「義務」就是必須向上司報告工作是否完成**。如果運用了組織的資源，也得向上司說明情況。比方說，上司要你製作企劃書，你就有義務向上司報告企劃書的製作進度。

「那份企劃書的進度如何？」

等到上司主動問才回答，不算是達成義務。此外，如果在工作過程中，遇到不懂的事情可以與上司商量：「請問該怎麼準備資料才好？」既然有與上司商量的權限，就不該閉門造車，埋首苦幹。

要求加班具有正當性嗎？

接著讓我們從「責任、權限、義務」的觀點思考開頭的例子。

上司的責任是達成組織的目標，所以擁有指派屬下，運用組織資源（人力、物力、資金、資訊）的權限。而在義務方面，則是必須與成員分享目標的進度與結果，但以這次的範例先不必考慮這部分。

屬下該負的責任就是完成被交辦的目標，所以擁有與上司商量，向上司請求支援的權限，當然也有報告進度與結果的義務。在這個前提之下，上司為了組織的利益而要求屬下加班，符合責任與權限的定義。

另一方面，屬下尚未完成被交辦的工作，不報告進度就下班回家，這當然有問題。如果在工作過程中也沒與上司商量，那麼問題則更大。因此，上司應該要讓屬下明白自己該負的「責任」，也要告訴屬下有向上司請教與請求支援的「權限」，更有報告進度與結果的「義務」。

然而，不先完成眼前的工作，而是把時間用在學習技能是否更有意義？這點也值得探討。關於這個部分將在第10章（「管理職者要注意『Will騷擾』」199頁）再討論。

話說回來，有時問題不在於屬下，而在於上司的「責任、權限、義務」。在下一節將為大家仔細說明這個部分。

致「強迫屬下承擔責任，卻不給予任何權限」而興嘆的上司

以我的經驗來看，**上司比屬下更應該接受責任、權限、義務的相關教育**。

身為經營顧問的我，走進企業現場後提出建議：

「再這樣下去不行，得試著改造組織。」

但許多管理者會跟我說：

「我也想改造組織，但我只是區區一個課長，沒有那樣的權限。」

比起部長或是課長這類中層管理者，我們這些經營顧問更常與經營者接觸，所以

都會問社長：「您真的沒有開放權限給中層管理者嗎？」

大部分的社長在聽到這句話之後，都會驚訝地說：

「怎麼會說我沒有開放權限呢？這只是為了逃脫責任吧？如果真的想改造組織，為什麼不來跟我說呢？」

其實**責任、權限與義務的比重應該是相等的**，而這稱為「**三面等價原則**」。

換言之，會說「我沒有權限」的管理者，等於在說：「我不想負這種責任。」因為行使權限就得背負相同比重的責任。照理說，管理者應該帶頭改造組織才行，但是管理者卻以「我沒有權限」為遁辭，所以社長也無法追究管理者的責任。

▢ 要想使命必達，就得「設定適當的目標」

責任、權限、義務的比重是相等的。請務必讓「三面等價原則」深入滲透組織的每個角落。

我是「使命必達」的顧問，因此**會確定目標是否符合管理者的能力**。我絕對不會讓管理者背負過於沉重的責任（組織目標）。我最在意的是「**時間**」，當時間資源不足時，就必須毅然決然地提出下修目標的建議。

某位手機APP開發公司的社長曾對項目負責人制定不合理的目標。

「您說新事業的目標是每年達到四億元嗎？以目前的轉換率與前置時間來看，需

責任、權限、義務是一組的（三面等價原則）

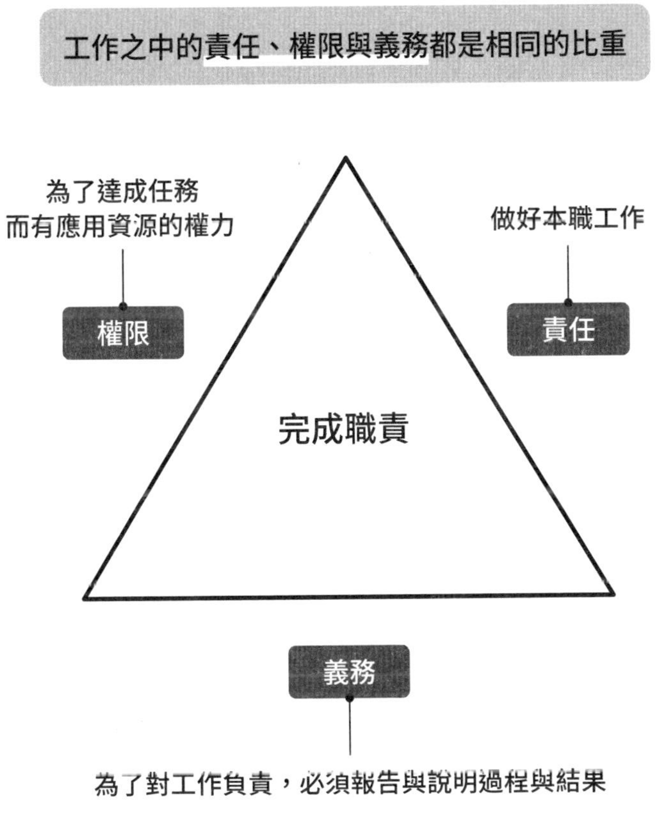
工作之中的責任、權限與義務都是相同的比重
為了達成任務
而有應用資源的權力
權限
做好本職工作
責任
完成職責
義務
為了對工作負責，必須報告與說明過程與結果

要三年才能達成。」

我這樣跟社長說之後，對方卻語帶嘲諷地說：

「你不是使命必達的經營顧問嗎？所以這沒辦法使命必達嗎？」

因此我便跟對方說：「使命必達的關鍵在於設定合理的目標。」

之後我便透過手邊的資料說明設定合理目標的根據。

「光靠鬥志或是毅力是無法提升轉換率與縮短前置時間。就算投入高額的廣告費，也只是有機會而已。」

「哪有這麼多資金，」這位社長不僅拋出這句話，還說「我們也沒錢栽培業務。」

換言之，這位社長雖然想讓屬下背負責任，卻不想開放權限給屬下。這位社長始終不願妥協，以業績四億元的年度目標啟動了新事業。最終，第一年的業績僅達到七千萬日圓。儘管我跟第一線的員工說「你們做得太棒了」，但該社長卻氣得大罵，企業內約一半的業務也辭職了。

不管是小型的任務還是公司專案，道理都是一樣的。

「上司要我明天之前寫好企劃案，卻不願和我商量。」

「上司要我找一百個人來參加活動，卻只給我三天的期限。」

在這種責任遠遠大於可應用資源（人力、物力、資金、時間）的情況下，屬下會覺得上司非常不公平且不被重視。所以上司應該思考以下兩點再將工作交給屬下：

- 屬下的創意與本事
- 可運用的資源

同時，讓屬下知道自身責任之餘，也清楚知道自己能運用哪些權限。如此一來，屬下才能自發地運用權限，負起應該背負的責任。

透過「報告、聯絡、商量」瞭解責任、權限與義務

最後要介紹的是「**報告、聯絡與商量**」的部分，因為這三點與責任、權限與義務息息相關。

透過一些實例，我們就能明白行使權限時是該與上司聯絡還是商量。

理所當然地，行使權限時要先通知上司：「部長，我明天會交那份企劃書，屆時請您審閱。」如果不知道該怎麼做的時候，就要跟上司商量：「部長，那分企劃書明天就會完成，不知道能否請您幫忙審閱呢？」

無法負責任的人，通常不懂得與上司「商量」。工作中會遇到很多情況，所以不一定能在期限之內達成目標，對吧？但如果遇上這種情況不與上司商量，上司當然會

氣得大罵：「為什麼不早一點來商量！」

反之，**明明負起了責任，卻無法得到上司信賴的人，往往不懂得「報告」**。報告是履行責任時的義務，所以在工作過程中，要懂得報告進度與結果。

成為「報告、聯絡、商量」的專家吧！

該注意的是「**變化**」與「**結果**」。

只要工作發生變化，哪怕是一件小事，都要立刻報告，工作結束後，也要報告。

「那件事，進度怎麼樣？」

絕對不能讓上司開口問這種問題。

「報告、聯絡、商量」不只是下對上的責任，這也是管理者該注意的責任。

所以管理者才擁有指派團隊成員的權限。管理者的義務則是與其他組織保持聯絡，在適當的時間點與適當的成員分享該分享的資訊，當然也要報告進度，並且在工作完成時報告結果。

曾有位管理者請員工填寫問卷：「接下來想要診斷企業內組織文化，所以請你們回答問卷。」結果得到了什麼結果？瞭解了哪些課題？想了什麼對策？但後續是沒有任何報告，組織成員當然會問上司：「那份問卷調查的結果怎麼樣了？」

如果上司不履行報告的義務，下次不管再怎麼呼籲屬下配合，也不會被當一回事。只要是為了解決企業組織的課題，就算跟屬下沒有直接關係，上司也有報告一切的義務，因為報告的義務與責任是一樣重要的。所以管理者要讓屬下成為報告、聯絡與商量的「專家」，只要屬下自然而然地瞭解責任、權限與義務，就能在日後成為管理者時，為組織帶來利益。而且**一旦成為「報告、聯絡與商量的專家」，就算溝通能力不佳，也能得到多數人的信賴**，當然也能得到客戶的信任。所以不管是上司還是屬下，都要貫徹報告、聯絡與商量這三件事。

第8章

「加強強項」與「克服弱項」如何拿捏平衡？

——讓屬下發揮本領的兩個重點

□ 讓屬下受到尊重與發揮本領

「要讓屬下加強強項還是克服弱項，哪個比較好呢？這問題讓我煩惱了很久。」這也是管理者常有的疑問，而答案當然是「因人而異」「需針對個案處理」，所以許多管理者才有這類煩惱。假設你底下有年輕的屬下，就要注意這兩個重點：

- **讓屬下受到尊重**
- **讓屬下發揮本領**

在此為大家介紹三個需要特別注意的事項。

（一）優先加強強項

（二）重新定義弱項

（三）讓屬下糾正缺點

接下來先說明其中最重要的「優先加強強項」吧。

無法於職場應用的技術無法稱為「強項」

要讓屬下成長，到底該強化屬下的強項（優勢）還是幫助他克服弱項（劣勢）呢？如果你有這類煩惱，**基本上都是選擇「強化強項」**。理由很簡單——**比起克服弱項，加強強項能更快有所工作成果**，屬下也會變得更有自信。

話說回來，就算管理者想幫助屬下「強化強項」也不一定能做得到，因為管理者不一定知道屬下的強項是什麼。

例如屬下跟你說：「我的強項是能很快完成工作。」你或許能勉強認同，如果屬下跟你說：「我的強項是很會寫文章。」這時你會有什麼反應？

如果是被分配到行銷部門，需要替產品撰寫報導的話，這項能力有機會派上用場；如果是需要定期舉辦展覽會的企劃部，這項能力或許適合撰寫攤位的宣傳文案或傳單內容。但如果是門市銷售人員，恐怕就不需要會寫文章。

「我的強項是能開朗活潑地面對任何人。」

擁有這類強項的人才，才是比較能夠勝任門市銷售工作的人選。

所謂的「強項」，就是能在職場徹底應用的能力或特質。如果只是「有比沒有好」的程度，是無法成為強項的。

能稱為「強項」的兩個條件

此外，強項不是「專長」或「才能」。比方說，會說西班牙語是「專長」；在小時候接受指導之前就拿到繪畫賽獎項，這項能力或許就能稱為「才能」。不過，就算我會說西班牙語或是會畫畫，也幾乎無法在經營顧問的工作派上用場。同理可證，我有位很擅長折返跳的朋友，可對方說：「從事設計工作之後，折返跳這項專長根本派不上用場。」

換言之，有助於工作或職場的能力才算是「強項」，否則該能力再怎麼優異也毫無意義可言。

此外，「強項」與「弱項」是相對的，且在不同的環境下會有不同的定義。簡單來說，強項與弱項是比較出來的。未經訓練就能畫出一手好畫，可說是很有畫畫的「才能」。但是，若整個職場都是比你更會畫畫的人又如何？此時不管你再怎麼強調自己，「很會畫畫」恐怕也不算是「強項」了。

因此，所謂的強項必須符合下列兩種條件：

- **能在職場中幫上大忙**
- **是在職場中一枝獨秀的能力**

強項的定義會隨著環境改變。不管你擁有多麼厲害的證照，只要不符合職場的需求就毫無用處。

「欣賞優點」，幫助自己找出屬下的強項的三個重點

那麼到底該怎麼做，才能找出屬下的強項呢？答案是「**欣賞屬下的優點**」，將注意力放在對方的優勢與強項上。

所謂天生我才必有用，每個人都有優點、優勢與強項。所以只懂得「挑剔屬下的

缺點」的上司，要想與屬下建立良好的關係，恐怕要修正想法上的盲點：

「一下子想不起來屬下有哪些強項。」

「雖然想不起強項，倒是看到屬下不少缺點。」

建議大家時時提醒自己下列三件事，幫助自己欣賞別人的優點：

（一）認可（acknowledgment）

（二）積極聆聽（active listening）

（三）回饋（feedback）

第一步，先認同對方。

方法很簡單，只需要多關心與在意對方即可。比方說，積極地與對方打招呼、慰問對方，將這些事情養成習慣即可。嘗試主動認同對方，就能從對方身上發現之前沒發現的優點：

「沒想到這傢伙這麼討人喜歡啊。」
「沒想到他總是提早一步準備就緒啊。」

如果覺得之前怎麼都沒發現屬下這些「優點」呢？代表你還不夠認同屬下。除了「談成大生意」「想出新商品的企劃」這些惹人注目的成果之外，多汁意屬下每日的一舉一動，就能從屬下身上發現之前沒發現的強項或優勢。

如何瞭解本人與旁人也不知道的「強項」

接著該注意「積極聆聽」，也就是對對方說的話感興趣，想進一步瞭解對方想法與情緒的態度。積極聆聽能發現原本沒發現的事情，接著可回饋你發現的「優點」，讓當事人知道自己擁有這些優點，因為有時候我們都很難發現自己的優勢或強項。

大家可曾聽過「周哈里窗」（Johari window）心理學模型？這是透過下列「四扇窗戶」分析「自己眼中的自己」，以及「別人眼中的自己」的工具。

（一）開放區：自己與別人都瞭解的自己

（二）盲區：自己不知道，但別人知道的自己

（三）隱藏區：別人不知道，但自己知道的自己

（四）未知區：自己與別人都不知道的自己

最有趣也最引人注意的是打開「未知區」的窗戶。

何謂周哈里窗？

從主觀與客觀兩面認識自己的工具

		自己	
		知道	不知道
別人	知道	開放區	盲區
	不知道	隱藏區	未知區

開啟屬下的「未知區」是上司的職責

請允許我以自己為例，說明開啟「未知區」的意思。

這是我剛成為經營顧問之際的故事。在我充滿熱情地完成一次講座之後，當時的上司對著我劈頭大罵：「不要訴諸情緒，要以道理說服別人！」

自此，我花了一年多的時間準備，讓自己能夠在進行講座時說得頭頭是道。然而這種邏輯性強的講座風格不受好評，學員也只稱讚充滿熱情的演講方式，我希望學員能對講座的內容產生共鳴，所以不理會學員的反饋。但是，凡事都有個但是，由於收到太多類似的反饋，所以便試著更用心準備講座，讓講座的內容充滿張力，結果講座的評價也瞬間提升不少。差不多過了半年，我的講座風格完全改變了。

這就是開啟了「未知區」的感覺。

雖然這是我個人的故事，但目前為止我已親眼看過不少商業人士因為發現自己不知道的強項而改變了人生。幫助不同的企業改造組織，會常常遇到這類小故事。所以，千萬不能在屬下身上貼「他是會突然提出奇怪意見的人」「那傢伙不夠積極」這種標籤，否則就無法開啟屬下的「未知區」。

增加「真不愧是你！」這類讚美的次數

找到屬下的優點與強項後可積極地回饋對方，讓屬下察覺自己的優勢，接著再不斷地往屬下身上貼標籤。

「你簡報做得很不錯耶。」

「你的企劃書很簡單易懂。」

透過這種具體的回饋幫助屬下察覺自己的能力。

如果能在團體宣揚這件事，屬下就能得到其他成員的認可，也會變得更有自信。

上司要不斷地跟屬下說「覺得屬下很厲害的小故事」，幫助屬下不斷回想這些小故事。要記得記錄這些小故事，以備不時之需。

「這份企劃書寫得很淺顯易懂，真不愧是出自你之手啊。」

「在別人面前發表時，沒人比你懂該怎麼說才夠簡潔，真不愧是你啊。」

如果只是碰巧成功的事情，很難讓人「驚豔」。正因為你知道屬下已經多次發揮了這個強項，所以才會忍不住誇讚對方「真不愧是你」。一旦聽到旁人跟自己說「真不愧是你」，就能得到別人的尊重。如果還能在關鍵時刻應用強項，就能聽到別人說：

「你發揮實力了耶。」

這世上有許多與「強項」「優勢」「才能」類似的詞彙。**而我特別喜歡使用「實力」**

這個詞彙，因為「實力」這個詞彙不會單獨使用，一定會與「發揮」一起使用：

「這次G先生的簡報很棒，真可說是G先生發揮了實力啊。」

只有在當事人在絕佳的時間點「大展身手」的時候，才能使用「實力」這個詞彙讚美對方，所以這個詞彙才如此具有價值。

就結論而言，管理者要找出屬下的強項，再以「真不愧是你」這類方式讚美屬下，提升屬下的存在感。另外，也要記得在屬下充分發揮該能力之後，讚美屬下「發揮了實力」。長此以往，屬下就能察覺自己的強項，還能強化這項優勢。

話說回來，到底什麼是「弱項」？

我一直覺得不太需要注意屬下的弱項。

話說回來，弱項的定義到底是什麼？大家可曾具體思考這個問題？若是被問到這個問題，當下大概會想到以下這些吧：

- 草率、慌張
- 技能不足
- 經驗不足
- 優柔寡斷
- 怕生

一旦開始想這個問題，應該可以列出很多公認的弱項。這是因為任何人都有弱項與缺點，而且與強項一樣的是，**如果不是在職場需要的特質，就不能稱為弱項**。

我聽過有人這麼說：

「若說我的缺點是什麼，大概就是太過謹慎。」

然而，如果這個人被發配到會計部門，謹慎的個性就會變成強項。因此管理者若無法正確地看待「弱項」，就無法指導屬下。

那麼，所謂的弱項到底是什麼？

比方說，缺少組織需要的技能或特質時，不能說是弱項。比方說，稅務代理人能夠完成稅務方面的工作是理所當然的事、程式設計師會寫程式也是理所當然的事，如果缺乏這方面的知識或技能，不能形容成弱項或是缺點。如果是在建築業界擁有豐富經驗的稅務代理人，或許就可以說自己：「我在除了建築業界以外的業界經驗仍然不足，這就是我的弱項。」

所謂的弱項就是「擅長會比較好，但目前還不太會」的知識或特質，而不是組織絕對需要的技能或是專長。

不容忽視的「缺陷」

另一方面，還有「缺陷」這種說法。**所謂的「缺陷」指的是會抵銷強項的缺點。**

比方說，你準備啟動一個新專案，會不會有想要避免加入團隊的某個人呢？為什麼你不想挑選那個人？答案是因為那個人的缺點會妨礙專案順利完成。

讓我們列出一些缺陷吧：

・不守時

・不守約定
・做事虎頭蛇尾
・不接納別人的意見
・總是心情很糟
・不學習

如果在徵才面試時，聽到應徵者說：

「我完全不管什麼報告、聯絡、商量這些事，所以在上一份工作總是被罵。」

你會想要錄用對方嗎？就算他的強項真的很強，你也不會想跟這樣的人工作。管理者無法忽視這種致命的缺點。上司應該在屬下還年輕的時候，幫助屬下強化強項，而不是克服弱點，**但如果是上述的缺陷，就要試著糾正對方**。否則再怎麼強化強項，旁人也不會想跟他一起工作。

第 9 章

「團隊合作」與「競爭意識」該如何拿捏平衡？

——重視團隊的形態與壓力管理吧！

□ 如今真的是「共創」取代「競爭」的時代了嗎？

「如今已是共創取代競爭的時代。」

近年來，大家愈來愈重視共同創造價值的「共創」，而不是「競爭」。

「不能讓年輕人承受過多壓力。」

「有些年輕人一讓他們競爭就會辭職。」

我常聽見許多管理者和我這麼說。

話說回來，我覺得在面對任何情況或是任何人時，都只重視「共創」是錯誤的。因為要讓大家一起「共創」價值，就必須充分掌握「共創」與「競爭」的比重。不過，在說明兩者之間的平衡時，要先解說「共創」失敗的原因。

重視「共創」卻失敗的三個關鍵詞

一如「如今已是共創取代競爭的時代」這句口號，「不與別人比較」「攜手締造成果」聽起來的確很美好，但通常都會淪為「說得比唱的好聽」的結果。

箇中理由可透過下列的三個關鍵詞說明。

(一) 社會性怠惰

（二）耶基斯多德森定律

（三）心理彈性

首先是「社會性怠惰」的說明。

所謂的社會性怠惰是指在團體之中的個人未能適當地完成自己的責任與任務，莫名想讓自己偷懶的現象。如此一來，團體的效率與成果就會不彰。如果團隊成員齊心合作，的確可以完成個人無法完成的成果。不過我們也不能忘記的是，當目標或是任務只屬於團體，不屬於個人，那麼團體成員的人數愈多，相對的每個成員需要付出的努力也愈少。

有份調查結果指出，假設一個人可以付出10分的努力，當團體成員增加至三人，每個人能付出的努力就會降到8.5分；如果增加至八人，就會降低至一半以下的4.9分。有時候會不知不覺地想要偷懶。

這種心理就是「社會性怠惰」。

除了社會性怠惰之外，還有其他因素會讓共創的工作效率下滑。接下來說明第二個關鍵詞——**「耶基斯多德森定律」（Yerkes-Dodson's law），是指適度的緊張（壓力）能提升工作效率的心理法則**。換言之，當團隊成員因為共創的工作模式而失去壓力，無法完成該完成的責任或任務，工作效率就會下滑。太過緊張、興奮或是不安，當然也會導致工作效率下滑。失控的競爭意識當然不好，但適當的競爭意識通常能帶來正面的效果。

最後為關鍵詞（三）的「心理彈性」作說明。

所謂的心理彈性，就是遇到逆境或困難時，自我修復的能力。逆境與困難會讓我們陷入沉重的壓力，但是當組織或團隊成員愈能克服逆境與克服，就愈能大幅成長，締造美好的成果，而這種心理彈性可透過壓力培養。

因此，在以共創取代競爭之際，絕不能失去該有的壓力，否則團隊成員將無法成長，甚至有可能讓組織無法締造應有的成果。

壓力管理的思維

換言之，**「共創」失敗的原因就是缺乏壓力**。這意味著整個團體缺少了管理壓力的觀念。要想管理壓力，需要注意三個與壓力有關的因素，也就是**壓力反應、抗壓性與壓力因子**。

壓力反應由抗壓性與壓力因子決定。

如果是很沉重的壓力因子（例如重要客戶的客訴、嚴重的工作失誤），無論是誰都會因為壓力而出現非常明顯的反應，此時只有抗壓性夠高的人，才能樂觀地告訴自己「沒問題」「下次再努力就好」。反之，如果是抗壓性太低的人，哪怕是遇到小小的壓力（例如在人滿為患的電車被別人踩到腳、或是去拜訪客戶，但客戶假裝自己不在公司）都會出現明顯的反應。如果每次都為了一些小事而生氣或是心情變差，生意就談不成了。

比方說，你成為新專案的成員，團隊負責人每次要你負責你從來沒做過的事情，你都惴惴不安的話，就無法完成工作對吧。剛剛提到，適度的壓力能提升工作表現，而且還能提升你的抗壓性，請大家千萬不要錯過這種機會。

假設在壓力不高的情況下，旁人又為了不讓團體成員承受過多壓力而不時插手幫忙的話，會讓團體成員無法拿出應有的實力與阻礙成長。

「不能對年輕人施加過多的壓力。」

「有些人一遇到要互相競爭的場面就會辭職對吧。」

因此如果總是從這些角度看年輕的團體成員，那麼不管等多久，他們的抗壓性都不會變強。所以在實力尚且不足時，**要將競爭視為提升抗壓性的機會**。

拿捏「共創」與「競爭」比重的三個重點

前頁介紹了重視「共創」卻失敗的原因。不過，若是因此就草率地做出「競爭才是對的」之結論，只會造成過多的壓力，讓工作表現下滑。因此，讓「共創」與「競爭」的比重保持平衡才是關鍵。

壓力因子、抗壓性與壓力反應的關係

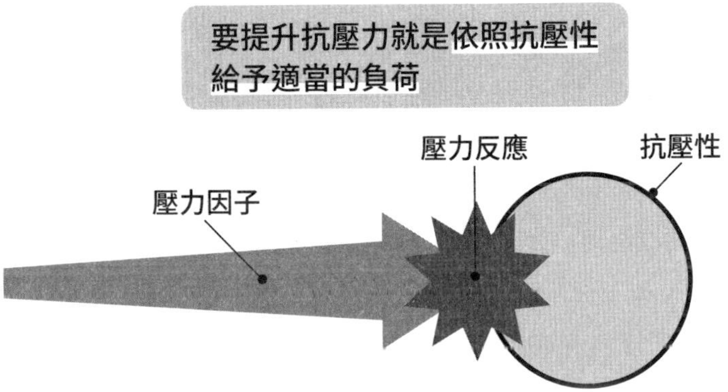
要提升抗壓力就是依照抗壓性給予適當的負荷
壓力反應
抗壓性
壓力因子

抗壓性與負荷之間的關係

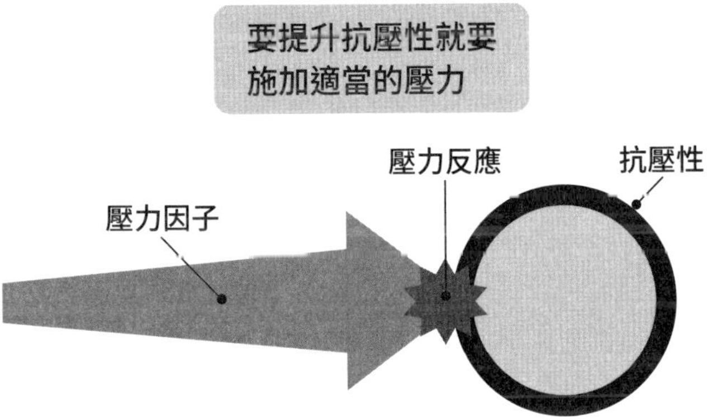
要提升抗壓性就要施加適當的壓力
壓力反應
抗壓性
壓力因子

那麼該從哪些觀點拿捏「競爭」與「共創」的比重呢?主要有下列三點:

(一)團體形態

(二)公司階段

(三)是團隊還是個人?

成員是流動的,還是固定的?

讓我們先從(一)團體形態這個切入點思考。**團體形態可劃分為「成員是流動的」與「成員是固定的」**。

(A)成員會隨時流動的團體形態

(B)成員基本上是固定的團體形態

（A）是宛如職業運動團隊的形態。教練可隨時決定更換哪個選手，因此就算沒有規則或是制度，這個團體的成員也會自然而然地互相競爭。

外資公司的團隊也屬於這種類型。

如果是成員流動性較高的團隊，成員在面對工作時，都會帶著一定程度的緊張。團隊成員一旦覺得待在這個團隊「沒有成長空間」，就會跳槽到其他團隊或是公司。在這種團隊形態中，不管是成員之間還是面對團隊都沒有互相依賴的關係，因此有可能將彼此視為競爭對手，甚至有可能互相扯後腿。所以，這一類型團隊才會覺得重視「團隊合作」或是「共創」比較好。

另一方面，（B）是日本企業常見的例子。成員流動性較低，或甚至不會流動，雇用形態也屬於會員型（membership）。由於幾乎不會發生「沒被選為團隊成員」的情況，所以團隊成員通常「熟悉彼此」。因此，昭和時代的上司為了讓團隊保持一定程度的緊張感，都會擺出很嚴肅的表情，發揮由上而下的領導能力。不過，到了令和時代之後，就很難再如此領導屬下。由於團隊成員不用擔心落選，所以團隊負責人最好建立讓團隊成員彼此競爭的機制。

公司目前的階段是成長期還是成熟期？

接著是要從（二）公司階段來思考。

如果公司處於草創或是成長時期，讓成員積極競爭是不錯的選擇。由於公司還處於需要「乘風破浪」的階段，所以成員的抗壓性自然比較高。可以試著列出具體的成績，讓團隊成員像是玩遊戲般彼此競爭，例如隨時表揚前幾名的團隊成員或是部門。

不過，**如果是進入成熟期的公司，就要更慎重面對讓團隊成員彼此競爭這件事**。

如果每天都沒什麼挑戰，有些成員的抗壓性的確會下滑或變弱。此時不妨改成一個月一次或定期表揚的方式，但最好不要把表揚典禮搞得太過浩大，也不要直接奉上獎金。

如果公司進入衰退期，就不要這強調競爭了。與其讓團隊成員彼此競爭，還不如訴諸危機感，讓團隊成員知道再不努力，大家就要跟著公司這艘「船」一起「溺斃」了。

▢ 是針對團隊還是個人？

最後是從（三）的團隊還是個人之切入點思考。

可行的話，最好讓各團隊與各成員之間都彼此競爭。**如果不行的話，至少讓團隊成員相互競爭**。只讓各團隊彼此競爭，就會出現社會性怠惰現象，也很難提升團隊成員的抗壓性。

此外，也可以過程中的某些指標作為競爭標準，而不是以結果進行評估。對抗壓性不高的團隊成員設定絕對能夠達成的KPI，就能幫助對方減輕心理壓力。

為什麼「競爭」是健康的？

「煽動競爭很不健康吧？」

有些經營者會有這類疑問。

「不是該更尊重團隊成員的自主性嗎？」

我常聽到這些意見，這些意見也非常正確，但我想請大家回想「每個人的情況都不同」以及「不同的情況需要做不同的決策」這些概念。也就是**請大家思考在什麼樣的情況，面對什麼樣的團隊成員，什麼樣的方式才有效**這件事。

近年來，「青色組織」「僕人式領導」「心理安全感」這類組織論或領導學受到大眾注目。許多企業與團隊為了擺脫傳統由上而下的階層型組織或統治型領導而採用了這些理論。這類概念受到青睞的理由，在於如今是商業環境變化迅速的時代，當來自各界的人與擁有不同觀點的人互相幫助，就有機會催生更創新的點子或是方案。

不過，請大家千萬不要誤會。**「團隊合作」或「共創」仍是尋找創意與靈感，以及發現問題所需的概念**。如果實力還不足以締造需要的成果時，這種組織論或是領導學會成效不彰，甚至有可能弄巧成拙。

如果團隊成員都很積極，都會主動尋求挑戰，或許不會造成什麼反效果。但如果大部分的團隊成員都只會說一動做一動的話，就必須透過一些方法對團隊成員施加壓力。上司當然可以苦口婆心地提醒團隊成員，或是不斷地下達指令，但這麼做會讓上司與團隊成員承受相當大的壓力，屬下反而會變成說一動才做一動的人。

從這點來看，**「競爭」是絕對健康的事情**，團隊成員承受的壓力也不會太大，最多只是不習慣競爭而已。

不過，千萬要記得不要只憑競爭結果評價團隊成員，也不要因為團隊成員輸掉競爭而把他趕出團隊。只要滿足這兩個條件，「競爭」絕對是活化團隊的合理方式。

第10章

「金錢」與「成就感」該如何拿捏平衡？

——如果被問到「為什麼要做這件事」該怎麼回答？

重視「金錢」更勝於「成就感」的年輕人

我曾經遇到一位非常沮喪的管理者，總是一天到晚都在感嘆。原因是她一手栽培的屬下跳槽了，理由居然是因為「錢」而已。

「這份收入不足以讓我在結婚之後養小孩。我想要的是兩個小孩與自己的房子，所以我決定跳槽。」

據說這位管理者聽到的是如此的理由，而且是在屬下決定跳槽之後才知道的。由於屬下心意已決，所以再怎麼做也無法挽留對方。

「明明在我們公司上班，也能領到完成夢想的薪水啊！」

這位管理者總是如此感嘆。

這位屬下從平常就一直把「想做更有成就感的工作」「讓我做能夠幫助自己成長的工作」掛在嘴邊，所以這位管理者很難想像對方會因為「金錢」而決定跳槽。

此外，也有經營者跟我說：「我以為現在的年輕人都重視『成就感』而不是金錢，沒想到這是天大的誤會。」

那麼實際的情況到底如何呢？

□ 統計結果顯示，比起「成就感」，「重視收入」的人正急速增加中！

根據統計結果指出，重視收入的人比重視成就感的人更多。

依「大家的轉職『經驗談』」網站的調查結果，**重視收入勝於成就感的趨勢在二十～三十歲的年輕族群之中尤為顯著**。這個比例在二〇一九年之後開始逆轉，往後幾年與重視收入的差距愈拉愈開。

讓我們看看實際的數據：

- 二〇一七年 收入（45%） 成就感（55%）
- 二〇一八年 收入（48%） 成就感（52%）
- 二〇一九年 收入（51%） 成就感（49%）
- 二〇二〇年 收入（52%） 成就感（48%）

・二〇二一年 收入（50%） 成就感（50%）
・二〇二二年 收入（56%） 成就感（44%）
・二〇二三年 收入（59%） 成就感（41%）

想必這是出於年輕族群對被戲稱為「衰退先進國家」的日本不抱任何希望所致。拋棄浪漫主義轉而信奉現實主義的年輕人愈來愈多，上司也最好將此銘記於心。

每個人都希望「收入」與「成就感」都得到滿足，但上述調查結果告訴我們，在只能做出單一選擇之下，如今選擇「收入」的人正不斷增加。而且不管是誰，被問到「你想從工作得到什麼」之類的問題，通常很難直接了當地回答「收入」，對吧？因為每個人都很在意對方與別人怎麼看自己。就算得到「比起收入，我更重視成就感」這種答案，上司也不能就此掉以輕心，因為不知道這種答案的可信度有幾分。

「收入」與「成就感」難以比擬

雖然每個人的情況各異，但我也一直認為「收入」比「成就感」更加重要。這是因為「收入」與「成就感」根本不是能放在一起比較的東西。如果只是在閒聊之餘提及討論或許還無妨，但如果真要比較這兩個東西，建議大家先仔細閱讀後續的內容，把後續的內容當成評比的標準。

接著讓我們透過兩個切入點思考「收入」與「成就感」吧。

（一）馬斯洛需求層次理論

（二）資本／資產

第一個切入點是「馬斯洛需求層次理論」，是美國心理學家亞伯拉罕貝斯洛（Abraham Harold Maslow）將人類的需求分成五個階段的理論。五個階段分別如下：

（一）生理需求→飲食、睡眠、排泄等生理現象或與生命有關的現象。
（二）安全需求→健康而安全的居住場所、經濟方面的穩定
（三）愛與歸屬需求→與朋友、戀人、夥伴這類精神方面連結的需求
（四）認同（尊重）需求→得到別人認可與尊敬（例如社會地位與名譽）
（五）自我實現需求→想挑戰自己的潛力，讓自己的潛力得以成長

一般來說，「收入」與「成就感」屬於哪個層次呢？「收入」屬於安全需求的層次，而「成就感」屬於自我實現需求的層次。就優先順序來看，收入當然較為優先。

不過，當收入增加就會希望得到別人的認同，例如有些人是藉著得到高額收入而

馬斯洛需求層次理論

一般來說，收入屬於第二層次，成就感屬於第五層次

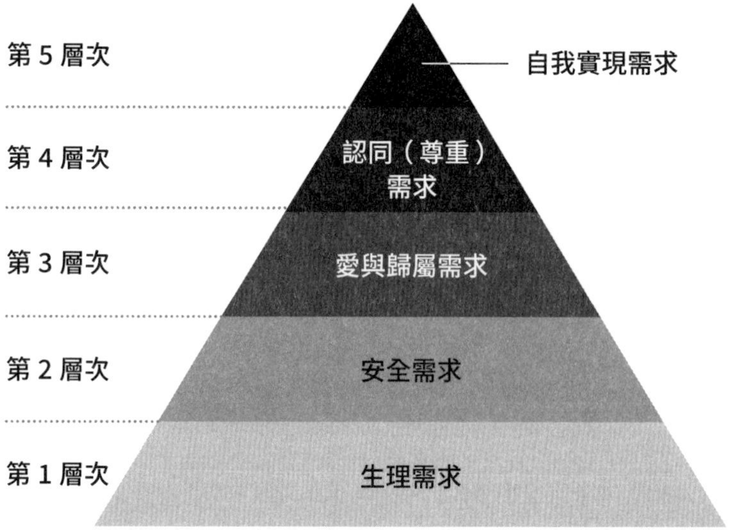

自我實現。所以大家千萬不要忘記，收入不只能夠滿足「安全需求」，還能滿足其他需求這點。

為了讓我們這些在「資本主義遊戲」之中奮戰的人更從容

在此我要介紹我個人獨創的想法——從更特別的觀點看待這個世界，而這個觀點就是資本與資產。

我們活在資本主義的世界裡，或許也可形容成我們都在玩一個名為資本主義的遊戲，這樣比較容易理解。因為當我們告訴自己，我們正在玩資本主義遊戲，**就不難瞭解擁有「龐大資本」的人比較有機會在這個遊戲獲勝**。

那麼什麼是資本呢？所謂的**資本就是「本錢」**。

最容易理解的本錢就是「身體」，許多人也都說「身體就是資本」，因為對人類來說，健康的身體是最大的資本。除了「身體」之外，我也將「內心」（mind）與「技能」（skill）視為資本。我從小就學習空手道與劍道，所以早把「心技體是資本」這句話記在心底。

另一方面，**資產是從資本衍生而來的東西**，例如「金錢」。除此之外還有很多東西也可稱為資產。

名著『LIFE SHIFT』（東洋經濟新報社出版）提到，今後是人生 百年的時代，要想在這樣的時代存活，需要「生產性資產」「活力資產」「變身資產」這三種無形資產（在此之前，以金融資產、不動產資產、社會地位這類有形資產作為成功的證據）。**衍生而來的資產會成為「本錢」**，再催生新的資產。

只要生存在這個資本主義的世界裡，就必須正確分辨資本與資產，並且珍惜並累計更多，就能活得更豐盛而富足。

讓我們回到馬斯洛需求層次理論吧。

如果覺得金錢只能滿足「安全需求」，那麼只要讓生活品質提升至一定的水準即可，如此一來對金錢的慾望就會減少。

不過金錢也可以是創造各種資產的「本錢」。

比方說，如前文提到了「身體就是資本」，要增加「健康資產」通常需要金錢。如果這時手頭太緊，就會被迫日以繼夜地工作，就算生病也不能休息。要鍛練身體也需要教練、道具或是適當的運動環境，要提升飲食品質也不能只吃廉價的食物。

要增加「知識資產」或「技能資產」，花錢是最快的——買書、加入線上沙龍。只有當經濟充裕，內心才會從容，才能擁有更多屬於自己的時間。換言之，「金錢」是幫助我們累積資產的重要「本錢」之一。**討厭「金錢」的人通常只將注意力放在「浪費」「消費」「投資」中的「浪費」**，這些人也總是會說：

「要那麼多錢有什麼用？比起錢，我更想選擇『成就感』。」

不過從「消費」或「投資」的角度看待金錢，不就能重新看待金錢的價值了嗎？

每個人滿足「安全需求」所需的「收入」都不同

你希望從工作得到「收入」還是「成就感」？

想必有些屬下也有這類煩惱，所以管理者幫助屬下釐清問題也非常重要。

第一步要先瞭解對方的現狀，因為屬下有可能因為某些事情而無法以現在的收入滿足「安全需求」。

「最近的年輕人應該重視『成就感』更勝於收入吧？」

絕對不能像這樣擅自替年輕人貼標籤。

「想要多少收入？」

對方應該很難回答這個問題。

此時不妨跟對方說：「只要先努力，風評就會變好，收入也會自然增加。」

試著如此向對方模擬未來的收入。也可以試著以具體的數字說明：

「連續獲得A評價的話就能升級，到時年薪應該會有四百三十萬日幣左右。」

「如果能繼續保持現在的考核結果，應該會有六百二十萬日幣的收入，加上激勵獎金的話，就會超過七百萬日幣。」

可以像這跟屬下說明，再仔細觀察對方的反應和回答。

「年收超過五百萬日幣要花幾年的時間？」

「在什麼情況下，年收可以超過一千萬日幣？」

像上述問得如此具體的人，可能另有隱情。比方說，要負擔小孩、父母親的費用或是房貸等。

如果已確定擁有，而不是未來才要獲得的東西，那麼這也會涉及到「安全需求」。

我曾遇過一位即將結婚的二十五歲男性，伴侶和他說：「我希望未來能夠買一間房子，然後生兩個小孩，過著四口之家的生活，所以我希望你在三十歲的時候，年收超過六百五十萬日幣。」由於對方說得十分明確，所以這位男性努力以賺錢達致目的。

這種需求既非「認同（尊重）需求」也不是「自我實現需求」，只是「安全需求」。對這位男性來說，三十歲達到年收六百五十萬日幣不是「想要達成」而是「必須達成」的目標，因此在他發現在原本的公司無法獲得這份年收之後，便決定跳槽。

「想做的工作」與「帶來成就感的工作」是兩回事

比起「金錢」，「成就感」需要考慮的因素比較少。

「這份工作讓人有成就感。」

「現在這份工作讓我打從心底覺得有趣。」

大部分的人都會如此正面地形容工作。但其實這種形容很曖昧又不著邊際，因此實則大部分的人很難具體形容工作的成就感。或許「喜歡」「有興趣」「印象不錯」這類情緒並不難表達，但大部分的人都無法具體說明什麼是「成就感」。理由很簡單——因為「成就感」是「雖然很辛苦，但是被大家感謝所以覺得『辛苦是有價值的』」，是**承受了負擔，卻覺得很值得的回憶與情緒**。所以沒做過的工作是無從判斷能否產生成就感的。

我們絕不能把「成就感」與「想做這件事的感覺」混為一談。

如果是「想做的工作」，在還沒做之前就知道自己想不想做；但如果是「有成就感的工作」，在還沒做之前不會知道是否能得到成就感。選擇「想做的工作」的人不管多麼辛苦，也不管旁人怎麼說，都會毫不猶豫地又努力地創造成果。無論如何，他們都會覺得很快樂，也會產生成就感，因為「自我實現需求」得到滿足。

不過，沒找到「想做的工作」該怎麼辦？

管理者要注意「Will 騷擾」

這時候可利用「善用機緣論」（Planned Happenstance）整理思緒，意思是**善用偶發事件開發自己的職涯**。

所以管理者不要再一直問屬下「你想做的事情是什麼」這個問題。

「明明這麼年輕，卻找不到想做的事情嗎？」

一直追問對方夢想或是Will（想做的事），這就是「Will騷擾」。大部分的人本來就不太清楚「自己想做什麼」。不過**做「該做的事」（Must），「能做的事情」（Can）就會變多，也就更有機會找到「想做的事」（Will）**，而在這個過程中，也有可能產生成就感。

不斷地努力，不斷地與別人合作，不斷地完成被交辦的職務，自然而然就會湧現「雖然過程很辛苦但一切值得，謝謝大家」這種謙虛的心情。換言之，只要管理者能正確地面對屬下，設定適當的目標，協助屬下達成該目標，屬下就能一自產生「成就感」。如果不這麼做而一直問「你想做的事情是什麼」「能讓你產生成就感的工作是什麼」這樣的問題也於事無補。

每個人對於「金錢」與「成就感」的感覺都不同，而且差異非常明顯，但是若能讓屬下知道，只要忠實地完成眼前的工作，就能得到相應的報酬，不就能幫助屬下同時得到「收入」與「成就感」了嗎？

管理者與屬下都需要具備正確的心理建設，不斷地透過對話一起思考，如此就不會再於「金錢」與「成就感」之間左右為難了。

第11章

「傳統的方式」與「嶄新的方式」該如何拿捏平衡？

——流行雖好，但不能忘記的事情

根據「時間效益」判斷事情的年輕人

「面對面談生意，真的很浪費時間。」

在疫情趨於穩定之後，愈來愈多年輕人會這麼說，討厭需要面對面的工作。尤其讓我震驚的是，居然有年輕人覺得「新進員工大會改成線上參加」就好。在公司導覽會、面試、入職手續都以線上為主流的現代，進入公司之後才被要求做一些需要面對面的工作時，想必新人會覺得不符合時間效益吧。

據統計，日本的勞動生產力僅為全世界第30名（在38個OECD國家之中），數位競爭力為第32名（在國際經營開發研究所調查的64個國家之中），而且有年年下滑的趨勢。年輕人當然也知道這項事實，也明白這是現在的資深員工一手造成的結果。所以若不趕快推動數位化，總是做一些產值不高的工作，肯定會被年輕人背棄。

其實不到三年就離職的新進員工通常都是因為對「不想改變的上司與職場」感到失望。年輕人當然明白有很多因素導致上司或是職場無法改變，不過**「無法改變」與「不想改變」完全是兩碼子事**。

▢ 什麼都換成「新的」比較好嗎？

話說回來，什麼都換成新的比較好嗎？那也不見得。我們也應注意「**不易流行**」。所謂的「不易流行」是日本俳句詩人松尾芭蕉對於俳諧的看法，意思是重視傳統之餘，同時因應時代吸收新事物的態度。

如果能釐清「不可變與必須改變的事物」就不會那麼迷惘。

以「樹」來比喻或許會比較簡單易懂。讓我們將樹拆解成「樹幹、樹枝、樹葉」這三個元素，再分別思考這三個元素的涵意。

- **樹幹＝目的、目標、理想**
- **樹枝＝方針、戰略、思維**

・樹葉＝手段、行動、方式

「樹幹」與「樹枝」屬於本質的部分。「樹幹」指的是目的或目標；「樹枝」指的是達成該目標的方法和方向，這樣的思維從以前到現在都沒任何改變，我們該煩惱的是——是否需要改變「樹葉」的部分，也就是**「理想」不變，但是「方式」需要隨著時代改變**的意思。只需要先知道這點即可。

那麼就讓我以最近蔚為話題的溝通方式解說。

要想正確地表達想法，哪種「方式」最有效果？

讓我從結論說起——**要想傳遞資訊時，線上是唯一的選擇**。比起「線上」這種說法，說成「**文字訊息**」或許更加貼切。如果能先知道「語言溝通」與「非語言溝通」

兩者之間差異，應該比較能夠相互區分。

如果想盡可能地正確說明工作內容或是創意，我建議的溝通方式之順序為聊天軟體→電子郵件→線上會議→離線會議（面談）。

理由分別如下：

（一）可遮斷非語言資訊

（二）可編輯

（三）可重覆確認

（四）保留記錄

其中以（一）最為重要。如果挾雜著對方的表情、態度與姿勢這類非語言資訊，就很難正確接受語言資訊。

比方說，部長在離線會議花了二十分鐘說明上半季的三個方針，照理說他會在結束的時候問大家：

「有沒有什麼問題？」

這時候應該不太會有人問問題。

「聽懂了嗎？」

就算部長如此問大家，大部分的人都會立刻回答「聽懂了」，這是離線會議很常見的狀況對吧？在過去的二十年，我常以經營顧問的身分參加這類會議，我也非常瞭解大部分的人都沒把部長說的事情聽進去。過去我曾多次做過「出口調查」。以這次的例子而言，就是站在會議室的門口採訪每位員工。

「你聽懂部長說的上半季三個方針了嗎？」

「嗯，我聽懂了。」

「具體來說，聽懂哪些事情呢？」

「呃……就是說……」

能記住方針，還能記住該採取哪些行動的人少之又少，甚至有些人連有幾個方針都記不住，即使明明會議才剛結束。當部長聽到這點之後，有可能會沮喪地說：「我真沒想到這些屬下這麼不上進。」但仔細想想，這也是理所當然的事。部長這個職稱屬於「非語言資訊」，一旦面對面開會，不管部長多麼地開誠布公，屬下依舊會緊張，很少人不會被部長的權威或是光環所震懾。

「放輕鬆，有問題盡管問。」

雖然部長會這麼說，但要做到不是那麼容易。

▢選擇能讓對話變成「傳接球遊戲」的手段

話說回來，透過口頭的方式交談有什麼問題嗎？答案是沒辦法整理內容，如果整理成逐字稿，就能瞬間讀懂，只需要將說話的內容整理成逐字稿即可。現在這個時代，只需要使用AI語音辨識功能，就能輕鬆做到這點。

我過去很常接受採訪，覺得自己說得有條不紊，直到我讀了採訪語音逐字轉錄的內容後卻很失望。我絕對不算是口條很差的人，但是內容還是亂七八糟的。如果沒有事先準備講稿，或像電視台主播那樣每天練習，就很難把話說得清楚。

所以(二)的「可編輯」就是一大優勢。

假設年輕員工問部長問題。若問題很精準也就罷了，要是問題不太精準，屬下有可能會被部長問：

「你在問什麼？」

「你知道自己在說什麼嗎？」

不過，若是使用以文字訊息為主的聊天軟體或是電子郵件，就能在輸入文字訊息的時候修改文字，還能在送出之前複檢一遍。不管是部長說的話還是屬下說的話，透過能夠一再編輯的聊天軟體或電子郵件傳送，絕對比口頭來得更能準精表達意思。

重點在於「對話」，讓對話變成「傳接球遊戲」。所以（三）的「可重覆確認」也很重要。**只有對方一瞭解目的（樹幹），雙方就能達成共識**。只憑至兩次的傳接球，是不可能維持「大致理解了」的狀態。主體要丟出讓受眾好接的球，而受眾也要反過來丟出好接的問題。跟經驗尚淺的年輕人說話時，不能一直丟球，而是要與對方傳接球。我之所以覺得聊天軟體比電子郵件更適合，在於聊天軟體能夠輕鬆地建立傳接球的關係。

「與其透過電子郵件溝通，直接對話比較有效率」是歪理

我認為只要是分享資訊就不該透過口頭溝通，因為這樣就像是讓對話的內容「飄到空中一樣」。對話的一字一句就像是在空中飛舞的紙屑，很難全部都抓在手裡。

我在疫情爆發之後，曾試著先準備好文件並拍影片，然後寄給學員進行一對一的對話。如果無法做到這種程度的話，至少要在溝通時做到（四）的「保留記錄」這點。不管使用的是聊天室還是電子郵件都可以保留文字，如果使用的是線上會議軟體，也可以錄影保留。

「部長中途說了什麼啊？都來不及抄下來。」像這種情況就只需要播放線上會議的記錄影片即可。

「應該是會議開始十分鐘左右說的吧。」這種狀況下只要有點線索，就能以倍速的方式播放，找到需要的內容。

偶爾會聽到別人說：「與其寫電子郵件，還不如直接對話比較快。」但這其實是歪理，這是只將注意力放在「樹枝」或「樹葉」，未注意「樹幹」（本質）的說法。討厭數位化或是線上工具的人，通常只是「還沒學會」「還不習慣」這類工具而已。

若想與年輕屬下站在相同的立場對話，就要先學習並習慣這類工具，如果只是一味地否決這些工具，是無法建立互相信賴的關係的。

其實另有意義的「無謂的時間」與「無謂的對話」

所以面對面的溝通都毫無用處嗎？那當然不是。其實溝通的重點在於「非語言溝通」，而不是「語言溝通」。

聊天軟體或是電子郵件幾乎都無法傳遞「非語言資訊」，電話也只能傳遞聲音與表情，所以實際面對面對話是非常重要的。**尤其在還沒有與對方建立穩定的關係時，更是需要一點「無謂的時間」或是「遊戲」的時間**。比方說，去拜訪顧客參加會議時，通常得花一點時間才能走到會議現場，乍看之下這段時間似乎很浪費，而且改成線上會議的話就能節省這段時間，但有時候這種「無謂的時間」會發揮效用。

在電梯巧遇時或是一起走向會議室的時候，是彼此最放輕鬆的時候，也是對彼此露出「破綻」的「空白時間」。

「今天好熱啊。」

「對啊，熱死了。」

「我家女兒常常抱怨天氣很熱。啊，其實我家女兒曾參過柔道部。」

「柔道部！！」

「在天氣很熱的時候練習，一定很辛苦啊。」

「當然啊，當然很熱。」

這種時候的對話能夠縮短彼此間的距離。**唯有容許「無用的時間」，才能誕生「無謂的對話」**。有時候能從「無用的對話」找到一些「驚喜」，進而帶來「美妙的幸運（因緣際會）」。

在還未建立關係的時候，要重視「面對面」的關係！

開頭提及的新進員工大會也是如此，只要可行就應該在現實世界舉辦，而且根本就不該去想所謂的「時間效益太差」問題。

實際參加新進員工大會，**應該會遇到許多意外的緣份**。進入會場之後，或許能看到許多打從心底歡迎新進員工的資深員工，在等待儀式正式開始時，若能得到直屬上司跟你打招呼，那肯定是無可取代的經驗。正式上班之後，會看到資深的管理者東奔西跑，也會看到接電話接得很俐落的同年齡層前輩，這時候通常會告訴自己：「好想早一步獨當一面啊。」

我們絕對不該把這種經驗擋在門外。

如果是參加線上新進員工大會，就無法得到這種體驗。關掉螢幕畫面後，就會回到再普通不過的日常。從一開始就只能過著沒有任何張力的職場生活。

這次特地將重點放在與溝通有關的「方式」，但是從「樹幹、樹枝、樹葉」的角度思考，或許就能考慮真正需要的是現今執行的，還是全新的方式。只要別讓手段（樹葉）變成目的（樹幹），應該就能知道哪種方式比較好。

結語

「是年輕人辭職就麻煩了，所以不能對他們太嚴格。」

在寫這本書的時候，我不知道聽了好幾次這樣的話。四十幾歲的經營者、六十幾歲的總務部長、三十幾歲的課長，連二十六歲的年輕員工都跟我說：

「我很怕年輕人辭職，所以不想嚴格地指導他們。」

除了跟我同年代（四十～五十幾歲）的人之外，二十幾歲、三十幾歲的人，似乎都有「害怕年輕人辭職」的隱憂。

- 害怕年輕人辭職，所以不讓他們加班。
- 害怕年輕人辭職，所以都讓他們做一些輕鬆的工作。

這種「害怕年輕人辭職」的心態會讓職場變得不健康。

員工當然重要，但是不能因為太過保護員工而忘了從顧客的立場出發這件事。經營方式一旦走偏，就無法讓事業發揮潛力。就此而言，今後是愈來愈需要管理職者懂得「中庸之道」的時代。因為只有能留住年輕人，徹底發揮實力的企業，才能在年輕人銳減的日本社會倖存。

為此，我打從心底希望各位管理者能參考本書，時時更新自己的管理方式。

最後要由衷感謝東洋經濟新報社的川村浩毅。

二〇二三年春天，我從當時還是二十四歲的川村先生口中聽到這個企劃時，著時被這個書名嚇一跳。為什麼比我年輕快三十歲的川村先生會想到《年輕人辭職就麻煩了，所以不能對他們太強硬》這個（原）書名，而且還邀請我寫這本書呢？當時我的確無法理解。但是過沒多久，相關的想法就像是雪片般砸向我。如果沒認識川村先生，本書就沒機會問世。非常感謝川村先生給我這個機會，也由衷希望這本書能幫助更多管理者減輕心理負擔。

橫山信弘

作者簡介

橫山信弘

日本知名企業顧問公司 Attax Sales Associates 董事長兼總經理，目前為企業經營顧問。以「使命必達」為信念，親臨企業現場，目標透過改善管理方法建立能達成目標的企業組織，而進行成功改造。曾服務 NTT DoCoMo、Softbank、Suntory 各大中小企業，目前服務過的公司超過兩百間以上。在過去的十五年舉行了累計至少三千次的演講與講座。曾負責撰寫《日經商業》《週刊東洋經濟》『PRESIDENT』等商業雜誌的文章，在《Yahoo！新聞》寫的報導也創下一年超過一千萬次點閱率的記錄，也曾為各大媒體擔任來賓。電子報「草創花傳」也得到至少四萬名的企業經營者、管理職者訂閱。著有《使命必達的心理建設》《使命必達聖經》的「使命必達」系列之外，還有「透過『氣氛』打動人心」類型著作，已有多部著作在亞洲各地翻譯出版。

這樣管理Z世代：

不討好也不打擊的11條「平衡感」法則，帶出穩定新世代人才！

若者に辞められると困るので、強く言えません

作者　横山信弘
譯者　許郁文
責任編輯　何靖惠
美術設計　郭家振
排版設計　吳侑珊
行銷企劃　張嘉庭

發行人　何飛鵬
事業群總經理　李淑霞
社長　饒素芬
主編　葉承享

國家圖書館出版品預行編目(CIP)資料

這樣管理Z世代：不討好也不打擊的11條「平衡感」法則，帶出穩定新世代人才！/ 横山信弘作；許郁文譯. -- 初版. -- 臺北市：城邦文化事業股份有限公司麥浩斯出版：英屬蓋曼群島商家庭傳媒股份有限公司城邦分公司發行, 2025.04

面；　公分

譯自：若者に辞められると困るので、強く言えません
ISBN 978-626-7691-01-4（平裝）

1.CST: 企業領導 2.CST: 組織管理 3.CST: 職場成功法

494.2　114002436

出版　城邦文化事業股份有限公司 麥浩斯出版
E-mail　cs@myhomelife.com.tw
地址　115 台北市南港區昆陽街16號7樓
電話　02-2500-7578

發行　英屬蓋曼群島商家庭傳媒股份有限公司城邦分公司
115 台北市南港區昆陽街16號5樓
讀者服務專線 0800-020-299（09:30 ~ 12:00；13:30 ~ 17:00）
讀者服務傳真 02-2517-0999
讀者服務信箱 Email: csc@cite.com.tw
劃撥帳號 1983-3516　戶名：英屬蓋曼群島商家庭傳媒股份有限公司城邦分公司

香港發行　城邦（香港）出版集團有限公司
香港灣仔駱克道193號東超商業中心1樓
電話 852-2508-6231　傳真 852-2578-9337

馬新發行　城邦（馬新）出版集團 Cite（M）Sdn.Bhd.
41, Jalan Radin Anum, Bandar Baru Sri Petaling, 57000 Kuala Lumpur, Malaysia.
電話 603-90578822　傳真 603-90576622

總經銷　聯合發行股份有限公司
電話 02-29178022　傳真 02-29156275

製版印刷　凱林彩印股份有限公司
定價　新台幣399元／港幣133元
ISBN　978-626-7691-01-4（平裝）
2025年4月 初版一刷・Printed In Taiwan